HARALD LESCH
KLAUS KAMPHAUSEN

Über dem
Orinoco scheint
der Mond

Warum wir die Natur
des Menschen
neu begreifen müssen,
um die Welt von morgen
zu gestalten

 PENGUIN VERLAG

Inhalt

Vorwort

»Es gab schon genug Weckrufe und Appelle. Der heute vorgestellte IPCC-Bericht führt uns erneut vor Augen, dass die Zeit für die Rettung des Planeten, wie wir ihn kennen, abläuft. Der Bericht verdeutlicht auch, viele Klimawandelfolgen können wir schon heute nicht mehr vermeiden – wir können uns als internationale Staatengemeinschaft nur bestmöglich darauf vorbereiten und anpassen.«

Bundesumweltministerin Svenja Schulze am 9. August 2021 bei der Vorstellung des ersten Bands des sechsten Berichts des Weltklimarates der Vereinten Nationen (IPCC)

In unserem Buch »Die Menschheit schafft sich ab« haben wir das Anthropozän und seine Wirkung auf unseren Planeten beschrieben. Das zweite Buch »Wenn nicht jetzt, wann dann?« erzählt von weiteren Fakten und Handlungsoptionen für eine Gesellschaft und eine Welt, in der wir leben wollen. Jetzt, in diesem dritten Buch, geht es um die große Frage nach dem »Warum«. Warum sind wir nicht in der Lage, unser Handeln und Denken so zu ändern, dass das Leben von uns Menschen und der Erhalt unseres

Lebensraums auf diesem Planeten nachhaltig gesichert sind? Warum können wir offensichtlich keine Schlüsse aus Fakten und Tatsachen ziehen?

Um diese Fragen zu beantworten, richten wir unseren Blick auf den Menschen und seine Natur. Denn wir meinen: Um überhaupt handlungsfähig zu sein und Veränderung zu bewirken, müssen wir die Natur des Menschen neu begreifen. Dabei werden wir die Welt der Fakten immer wieder verlassen und einen Blick in die Welt der Ideen wagen. Denn es geht uns im Kern darum, das Diktum der puren Ratio hinter uns zu lassen und dem Gefühl neuen Platz und Bedeutung einzuräumen.

Wenn wir im Folgenden von *Gefühl* reden, meinen wir die Möglichkeiten der Entfaltung aller Aspekte des Menschseins, den Zugang zur eigenen Natur und die Wiederentdeckung des immanent menschlichen Wesens.

Wir reden über die Bedeutung von Gefühlen für den Gewinn von Erkenntnissen, für die Transformation unserer Denkmodelle, unserer Vorstellungen und folglich auch unseres Tuns und Handelns. Das heißt, wir reden über die Bedeutung von Gefühlen für unser Denken, unser Entscheiden, unser Handeln.

Wir reden über die Bedeutung von Gefühlen, wenn es darum geht, uns in einer durch und durch ökonomisierten, zunehmend fragmentierten Gesellschaft von Angst und Apathie zu befreien und wieder Halt, Haltung, Selbstachtung und ein Zusammen zu finden.

Wir reden über Gefühle, durch die sich der Einzelne

wieder als Individuation der Natur, als Teil des Ganzen erfährt und somit erlebt, dass er sich selbst verletzt, verwundet und zerstört, wenn er die Natur verletzt, verwundet und zerstört.

Wir reden über die Bedeutung von Gefühlen, ohne die wir unsere Verantwortung, unser Mitgefühl für unsere Mitwelt und unsere Mitmenschen nicht vollumfänglich wahrnehmen können.

Und damit reden wir von Gefühlen und deren Bedeutung für unsere Zukunft, für unser Morgen. Wir geben den Gefühlen wieder Inhalt, Raum, Zeit und Energie.

Wir reden in diesem Buch über Humboldt.

Wir reden in diesem Buch über die Mondlandung.

Und wir reden über Hannah Arendt.

Wir reden in diesem Buch darüber, dass wir Perspektivwechsel vornehmen müssen, um die Vielseitigkeit und Vielschichtigkeit der Dinge zu erkennen, den Standpunkt anderer verstehen und nachvollziehen zu können, um unsere Vorstellung verändern und zusammen für ein zukünftiges Miteinander handeln zu können.

Wir reden in diesem Buch darüber, dass wir miteinander reden müssen, dass wir über geografische Grenzen, Vorstellungsgrenzen, Denkgrenzen hinweg miteinander reden müssen. Und noch mehr: dass wir einander zuhören müssen. Warum haben wir eine Zunge, aber zwei Ohren?

Harald Lesch und Klaus Kamphausen, Frühjahr 2022

Über dem Orinoco scheint der Mond

Nichts war dicht genug, den Regen abzuhalten, sie standen knöcheltief im Uferschlamm und blickten über die braunen, aufgeschäumten Fluten in die Dämmerung der langsam hereinbrechenden Nacht. Der Regen war den ganzen Tag über in dicken Tropfen niedergeprasselt. Im Zwielicht schienen Fluss und Land am weit entfernten Ufer ineinander überzugehen.

Wenn der Regen später aufhörte, der Himmel sternenlos über ihnen hängen würde, die Luft heiß, wattig und feucht, dann würden, wie an den Abenden zuvor, Millionen angriffslustiger, hungriger Moskitos aus ihren Verstecken kommen und sich auf sie stürzen. Ihr hochfrequentes Surren würde an den Nerven zerren wie jetzt das dumpfe Trommeln des Regens. Das eine folgte unausweichlich auf das andere, so wie die Nacht auf den Tag. Am nächsten Morgen würden die Moskitos das Licht der aufgehenden Sonne fliehen, sich in finstere Spalten und modrige Erde zurückziehen, sich an ihrer in der Nacht errungenen Beute laben. Regen würde sich wieder in schweren, schwarzen Wolken am Himmel sammeln. Und kaum, dass die Sonne eine Handbreit über den Horizont geklettert wäre, würden Sturmböen die Wolken mit ihrer nassen Fracht unter

Blitz und Donner unerbittlich aufeinanderjagen, dicke Tropfen würden fallen, unermüdlich. Es würde sein, wie es heute war.

Jetzt aber taucht das leuchtende Kreisrund des Vollmonds langsam hinter einer Wolke auf, die, so scheint es, wie eine Theaterkulisse von einem langen, unsichtbaren Seil am Himmel entlanggezogen wird, um das Licht des Erdtrabanten freizugeben. Für ein paar Sekunden werden die Gesichter der am Ufer Versammelten so hell angestrahlt, dass wir ihr Staunen, ihr Lächeln und die Freude in ihren Augen deutlich erkennen können.

Harald kann den Astronomen, den Mondfahrer, das Kind in sich nicht halten und paraphrasiert, teils fantasiert, aus seinen Erinnerungen heraus los: »Ich weiß noch genau, wie ich als Neunjähriger bei meinem Opa in der Kneipe saß und in diesen kleinen Schwarzweiß-Fernseher in der linken Ecke im Regal über der Theke, in dem sich Gläser, Jägermeister-, Korn- und Eierlikörflaschen aneinanderreihten, starrte. Ich konnte meinen Blick nicht abwenden, staunte gebannt, als Neil in seinem klobigen Astronautenanzug die klapprige Leiter von der Ausstiegsluke der Landefähre, durch die er sich was weiß ich wie hindurchgequetscht hatte, in Richtung Mondoberfläche hinunterstakste, und dann … Ich meine, überlegt doch mal, die Zusammenarbeit, der Ehrgeiz, der Wille Hunderttausender Menschen über mehr als zehn Jahre, modernste Technologie, Milliarden von Dollar, der donnernde Feuerstrahl der gewaltigsten Rakete, die Ingenieure je erdacht hatten, Kühnheit und Mut und Angst, all das verdichtete sich und vermischte sich mit dem Jubel von Hunderten Millionen Menschen weltweit in der kleinen Staubwolke, die der erste Schritt eines Menschen auf dem Mond aufwirbelte. Das war am 21. Juli 1969, um 02:56:20 UTC. Ich war einfach außer mir, ich staunte, ohne Worte, wäre am liebsten durch die Mattscheibe direkt auf den Mond gestiegen. Gleich am nächsten Morgen habe ich mich mit einem Brief an die NASA als Astronaut beworben. Aber das ist eine andere Geschichte ...«

Mit den letzten Worten war der Mond hinter der nächsten schwarzen Wolke verschwunden.

Während Harald an seiner Pfeife pafft, zieht Neil noch einmal an der Zigarette, bevor er sie ins feuchte Dunkel auf den Boden fallen lässt: »Freunde, der Countdown läuft, gehen wir ins Zelt, da ist es trocken, da sind weniger Moskitos, es gibt etwas zu trinken, etwas zu essen und Aimé wartet auf uns.«

»Ja, ja«, schmunzelt Alexander, »jeder Mann hat die Pflicht, in seinem Leben den Platz zu suchen, von dem aus er seiner Generation am besten dienen kann, warum also nicht in diesem Zelt?« Mit diesen Worten stapfen die drei, einer nach dem anderen, als dunkle Schattenrisse kenntlich Richtung Zelt.

Als Letzte kommt Hannah vom Flussufer hochgetrottet. Sie hat noch einmal nach dem Boot gesehen, die Leinen kontrolliert, die Knoten festgezurrt. Sie läuft zum Zelt, aus dem lebhafte Stimmen und Gläsergeklirr dringen, die sich mit dem Zirpen der Grillen und einem fernen

Donnergrollen mischen. Sie schiebt den Vorhang zur Seite und der Lichtschein der Lampen im Inneren des Zelts taucht die Umgebung kurz in ein helles Licht. Es ist, als würde der Mond noch einmal für einen kurzen Moment hinter den Wolken hervorkommen, um zu schauen, was dort vor sich geht.

»42« und andere Antworten

1 Warum?

Klaus Kamphausen: Harald, lass mich mit einem kurzen Nachrichtenrückblick auf das Jahr 2021 beginnen.

- 14. Juli 2021: Eine Studie brasilianischer Wissenschaftler kommt zu dem Ergebnis, dass die Regenwälder Amazoniens durch Abholzung, Brandrodung und Klimawandel mehr CO_2 emittieren als versenken.[1]
- Mitte Juli 2021: Eine Flutkatastrophe von unvorstellbarem Ausmaß trifft nach extremem Starkregen die Regionen Trier, Ahrtal und Eifel. Die Folgen: mindestens 180 Tote, viele Vermisste und Verletzte, zerstörte Dörfer und Landstriche, Schäden in Milliardenhöhe.
- 5. August 2021: Der Golfstrom, der das Klima in unseren Breiten maßgeblich mitbestimmt, schwächelt. Zu diesem alarmierenden Ergebnis kommen Forscher in einer Studie, an der auch das Potsdam-Institut für Klimafolgenforschung beteiligt ist. Die Studie über die Atlantische Meridionale Umwälzströmung, zu der auch der Golfstrom gehört, kommt zu dem Ergebnis, dass sich das Strömungssystem in den letzten Jahrzehnten so stark wie nie zuvor in den vergangenen tausend Jahren abgeschwächt hat.[2]

- August 2021: Die halbe Welt steht in Flammen. Ausgelöst durch extreme Hitze, brennen im Nordosten Russlands Wälder auf einer Fläche fast so groß wie Mitteleuropa. Diese Brände sind nicht nur eine Katastrophe für Mensch und Natur, setzen nicht nur Hunderte Millionen Tonnen von CO_2 frei, sondern lassen auch die Permafrostböden tauen, in denen gewaltige Mengen von extrem klimaaktivem Methan gespeichert sind. Ebenso hart getroffen von extremer Hitze und zerstörerischen Bränden sind Wälder, Mensch und Natur an der Westküste Kanadas und der USA sowie an der Mittelmeerküste der Türkei und Griechenlands.
- 14. & 15. August 2021: Zum ersten Mal ist es auf Grönland so warm, dass auf dem höchsten Punkt des Eisschilds Regen fällt. Die mehrstündigen Niederschläge über weiten Teilen Mittel- und Südgrönlands bringen mehr als sieben Milliarden Tonnen Regen – mehr, als je zuvor in Grönland gemessen wurde. Das warme Wetter und der Regen führen zudem zu einer extremen Eisschmelze. Laut National Snow & Ice Data Center ist der Eisverlust an der Oberfläche des Eisschilds um das Siebenfache höher als der Normalwert für Mitte August. In der ersten Jahreshälfte 2021 ist das Oberflächeneis Grönlands auf einer Fläche von 21,3 Millionen Quadratkilometern abgeschmolzen, dreimal so viel wie im langjährigen Mittel.[3]
- 6. September 2021: Auf der Südhalbkugel, in Neuseeland, bricht der Frühling an, und das nach dem wärms-

ten Winter seit über 100 Jahren. Die Durchschnittstemperaturen in den Wintermonaten Juni, Juli und August lagen 1,3 Grad Celsius über dem langjährigen Durchschnitt.[4]

Nachrichten wie diese sind fast täglich in den Medien zu lesen, im Radio oder Fernsehen zu hören und zu sehen. Egal, ob sie das Klima betreffen, die Verschmutzung oder Ausbeutung der Meere, die Erwärmung der Ozeane, die Vernichtung von Wäldern und Ackerböden oder die Ausrottung von Tier- und Pflanzenarten: Sie sprechen eine deutliche Sprache, erreichen uns aber nicht so, dass wir unser Handeln wirklich maßgeblich und nachhaltig verändern. Die Frage ist, warum?

Harald Lesch: Diese Berichte sind unmissverständlich und klar. Es sind naturwissenschaftliche Fakten, die uns zeigen, dass es sehr schlecht um unseren Lebensraum steht. Wir können uns nicht darauf zurückziehen, von diesen Tatsachen nichts zu wissen, denn die Frequenz dieser Art von Nachrichten nimmt drastisch zu. Unsere scheinbare Taub- und Blindheit liegt auch nicht in irgendeiner Abstraktheit des Themas begründet, denn als Bewohner Mitteleuropas bekommen wir die Auswirkungen des Klimawandels deutlich zu spüren: Hitzewellen, Trockenheit und Überschwemmungen sind mittlerweile auch bei uns angekommen.

Unsere Art zu leben ist auf Kante genäht. Sie wird nicht bestimmt von einem rücksichtsvollen Umgang mit unserem Planeten, nein, es ist die Wirtschaft, die das Ruder in der Hand hält. Und die muss wachsen, koste es, was es wolle. Transnationale Konzerne haben die Welt kommerziell im Griff, sie machen, was sie wollen, was *wir* wollen, nämlich immer mehr und das immer schneller. Das zieht einen unglaublichen Verbrauch an Ressourcen und einen unglaublichen Grad an Naturzerstörung nach sich. Und das weltweit.

Was ist da passiert? Die Naturwissenschaften liefern seit vielen Jahren nicht nur Fakten, die den Grad der Zerstörung unserer Umwelt belegen. Sie liefern auch Zukunftsperspektiven, indem sie mögliche Rahmenbedingungen benennen, unter denen wir Entscheidungen treffen könnten, um zukunftstauglich für alle zu leben. Aber die Ökonomie hält sich nicht an diese Fakten. Und auch jeder Einzelne von uns versagt, denn diese Fakten sind keine durchschlagenden Wegweiser für unser Handeln, nein, Gier und Egoismen sind die treibenden Kräfte.

KK: Zu diesem Szenario gehört, dass persönliche, individuelle Vorteile und Ansprüche als Freiheit deklariert werden. Die eigenen Bedürfnisse werden über das Wohlergehen der anderen, über das Allgemeinwohl gestellt. Das ist im wahrsten Sinne des Wortes asozial.

HL: Richtig, die Wissenschaften reden von einer großen, unbedingt notwendigen Transformation, soziologisch, ökonomisch und ökologisch, ohne die die Erde in naher

Zukunft für Menschen unbewohnbar sein wird. Und eine Erde ohne Menschen ist weder für die Wirtschaftselite noch für irgendjemand anders von Interesse.

Unsere ethische Herausforderung besteht darin, dass die kapitalistische Ökonomie für manche Länder und Kontinente große marktwirtschaftliche Erfolge gebracht hat, die kurz davor stehen, zu kippen und eine Katastrophe von globalem Ausmaß auszulösen. Und in diesem erfolgreichen marktwirtschaftlichen System ist ein notwendiger Verzicht kein Anreiz, für niemanden.

Ökologisch handeln heißt aber nicht unbedingt verzichten, so wie es in den Medien oft und gerne dargestellt wird. Aber wenn die Politik in Deutschland zum Beispiel eine Geschwindigkeitsbegrenzung auf Autobahnen vorschreibt, wenn sie verlangt, dass wir weniger fliegen sollen, dann fühlen sich die Menschen erst einmal eingeschränkt, ihrer subjektiven Freiheit beraubt. Denn wir sind über Jahrzehnte wie Drogensüchtige von der Nadel der Mobilität und Flexibilität abhängig geworden, wir haben einen Rausch nach dem anderen erlebt, sind noch und nöcher um die Welt gereist und tun es weiterhin und mehr denn je.

Die Menschen holen sich damit ihr schnelles, kurzes Glück, meist weil sie in Arbeits- und Lebensumständen stecken, die sie nicht sehr befriedigen. Aber sie wissen nicht, was sie tun. Das ist eine meiner Antworten auf das »Warum«. Viele Menschen wissen einfach nicht, was sie tun, kennen nicht die Fakten, die Tatsachen und erst recht nicht die Konsequenzen ihres individuellen Handelns.

KK: Halten wir fest: Es gibt die Fakten und Tatsachen – von denen wir wissen oder nicht. Aber es fehlen auch die richtigen Rahmenbedingungen, die weder von der Politik gesetzt noch vom Großteil der Gesellschaft gefordert werden und von der Ökonomie offensichtlich nicht gewünscht sind. Von pluralistischer Ignoranz und Verantwortungsdiffusion sprechen die Sozialpsychologen, wenn trotz des Wissens vieler keiner handelt. Woran liegt das? Gibt es einen Mangel an Kommunikation für die gemeinsame Verantwortung? Oder blindes Vertrauen darauf, dass die anderen es schon irgendwie richten werden? Das Widerliche, das Makabre, das Absurde daran ist, dass wir diese systematische Zerstörung selbst vornehmen, und zwar jeder Einzelne von uns. Es sind keine bösen Aliens, die unseren Planeten angreifen und erobern wollen, es ist kein Riesenmeteorit, der die Bahn unserer Erde kreuzt und sie zu Milliarden und Abermilliarden von Staubkörnchen pulverisiert – wir, die vermutlich intelligentesten Wesen auf diesem Planeten, sind es selbst, die dieses unumkehrbare Werk vollenden!

Warum tun wir das? Die britische Verhaltensforscherin Jane Goodall hat auf diese Frage mit folgenden Worten geantwortet: »Die einzige Antwort, die ich gefunden habe, ist, dass wir die Verbindung zwischen Kopf und Herz zertrennt haben, zwischen Intellekt und Liebe.«[5]

HL: Ja, wir haben die Verbindung zu unserer inneren und äußeren Natur verloren. Wir stehen weder mit unseren Mitmenschen noch mit unserer Mitwelt in Resonanz, auch weil uns nicht wirklich bewusst ist, wie grundlegend unterschiedlich organische und maschinelle Kreisläufe sind. Lebewesen wirken auf sich selbst zurück, Maschinen tun das nicht.

Lass mich das veranschaulichen. Nehmen wir einmal an, es würde außerirdische Lebewesen geben, die sehr, sehr alt werden können und schon lange Zeit die Entwicklung des Menschen beobachten, so wie es Bernhard Verbeek in seinem Buch »Die Anthropologie der Umweltzerstörung« beschreibt.[6] Zu Anfang sehen diese außerirdischen Beobachter ein paar Menschen, die in kleinen Gruppen verteilt auf unserem Planeten leben, ohne größere Spuren ihres Seins zu hinterlassen. Dann, ein paar Tausend Jahre später, tauchen neben diesen Menschen Maschinen auf, und es machte *Wummm!* Durch diese Maschinen wird die Geschwindigkeit der Bewegungen der Menschen auf dem Planeten extrem vervielfacht. Von diesem Moment an greifen wir, die Menschen, auch global auf Ressourcen zu. Vorher haben wir vielleicht im Schwarzwald, am Orinoco oder in den Steppen Afrikas Holzkohle produziert, plötzlich aber graben wir weltweit nach Ressourcen, um unsere Maschinen, die Technikwesen, zu füttern – erst mit Kohle, dann mit Öl. Wir graben, baggern und bohren an Land und in den Meeren. Dann erschaffen wir Technikwesen, die elektrische Energie benötigen, dann kommt die Zeit der Digitalisierung, und wir schreiben Programme, die helfen, dass sich die Maschinenwesen immer weiter selbst optimieren. Sie beanspruchen immer mehr Energie und Rohstoffe. Irgendwann verschwindet dann der Mensch selbst. Eine uns allen bekannte Dystopie.

Wir sehen: Maschinen tun das, wofür sie geschaffen wurden – sie funktionieren einfach. Das hat nichts mit Herz zu tun. Das ist Kopf, blanker, harter Rationalismus. Und dieser Rationalismus hat genau die Erfolge produziert, die uns jetzt solche Probleme bereiten. Wir spüren intuitiv: Wenn der Teller leer ist, gibt es nichts mehr. Und ändern trotzdem unser Handeln nicht. Die Erfahrungen zeigen, dass Menschen, die Katastrophen wie Erdbeben, Hungersnöte, Überflutungen, Brände, Kriege überlebt haben, zwar oft traumatisiert sind, aber danach sensibler, bedachter, achtsamer handeln. Aber eine globale Umweltkatastrophe haben wir bislang noch nicht erlebt, nur lokale. Also prassen wir weiter, als gäbe es kein Morgen, als hätten wir kein Herz.

Wir leben zurzeit, ich kann es nicht anders sagen, in einer Diktatur der Wirtschaft. Ökonomie dominiert die Politik auf allen Ebenen: kommunal, national, transnational. Sie bestimmt aber auch das Leben der meisten Menschen. Die Frage nach dem Wert einer Sache haben wir überall durch die Frage »Was kostet das?« ersetzt. Wir haben aus dem Wert einen Preis gemacht.

Diese grundlegende Struktur können wir als Narrativ bezeichnen – als eine große Erzählung, innerhalb derer sich die meisten aufhalten, wiederfinden und handeln. Ein Narrativ bestimmt den geistigen Rahmen einer Zeit. Unsere Zeit lebt im Narrativ der Zahlen und der Daten der Naturwissenschaften, der Technik und der darauf aufbauenden Ökonomie. Damit haben wir es ziemlich weit gebracht. Aber wir haben parallel zu dieser quantitativen, auf objektiven Zahlen begründeten Lebensweise kein Narrativ entwickelt, das uns weiter ermöglicht, Mensch zu sein, unsere Gefühle zu leben. Und wenn es doch einmal um Emotionalität geht, dann wird auch sie ökonomisch genutzt. Das heißt, die Erfüllung unserer Wünsche, Sehnsüchte und Träume wird uns verkauft, sei es in Form von Reisen, Anziehsachen, Autos oder anderen Statussymbolen. Wieder wurde aus dem Wert ein Preis.

KK: Douglas Adams schreibt in seinem Buch »Per Anhalter durch die Galaxis«, dass der einzige Zweck der Erde – ein Riesencomputer, entworfen von einer Intelligenz, deren Vertreter sich als weiße Mäuse tarnen – darin besteht, die Frage nach dem Sinn des Lebens, dem Universum »und dem ganzen Rest« zu finden.[7] Die Antwort auf die Frage lautet siebeneinhalb Millionen Jahre Rechenzeit später: »42.« Vergessen war inzwischen allerdings die Frage zu dieser Antwort.

Unsere Antwort heute lautet nicht »42«, sondern »mehr, immer mehr«. Die Frage, die wir mit diesem »Mehr, immer mehr« für uns beantworten, lautete wie? Wissen wir noch, warum wir »mehr, immer mehr« haben wollen?

HL: Nehmen wir einmal an, die Frage zu der Antwort »mehr, immer mehr« ist die Frage aller Fragen, nämlich die nach dem Sinn des Lebens. Gibt das »Mehr, immer mehr« eine befriedigende Antwort auf diese Frage? Sicher nicht, denn »mehr, immer mehr« ist keine Antwort auf gar nichts.

Das beste Beispiel dafür sind Ego-Shooter wie Branson, Bezos und Musk, die sich selbst oder ihre Autos mit eigenen Raketen ins All schießen, denn: Milliardär und reichster Mann der Welt sein reicht ihnen nicht, sie alle wollen – Leitspruch »mehr, immer mehr« – der erste Billionär auf diesem Planeten sein. Und obwohl sie die seltene Chance haben, den blauen Planeten aus der Perspektive eines Astronauten zu betrachten, bleiben sie scheinbar blind für das, was sie mit ihren Egos, ihrer Gier, ihrem Pee-in-a-Bottle-Kapitalismus (der nicht nur die Arbeiterinnen und Arbeiter bei Amazon betrifft) auf dieser Erde anrichten. Uns allen sollte klar sein, dass eine rein quantitative Sicht auf die Welt keinem von uns eine Begründung für unser Sein als Mensch liefern kann.

KK: Dann lass mich der rein quantitativen einige qualitative Sichtweisen entgegensetzen und einen kleinen interdisziplinären Überblick über das geben, was möglich wäre, wenn wir uns fragen, warum wir die Zerstörung unseres Lebensraums sehenden Auges vorantreiben.

Was nämlich bei der Beantwortung der Frage nach dem »Warum« meist nicht besprochen wird, weil es weder ein Thema der Ökologen noch der Klimawissenschaftler, noch der Ingenieure oder Politiker ist, das ist die Psychologie, das Wesen, das Sein des Individuums. Der Mensch an sich.

Was zeichnet ihn aus? Zu was ist er in der Lage, wenn es darum geht, Veränderung herbeizuführen? Mahatma

Gandhi etwa hat es einmal so ausgedrückt: »Sei du selbst die Veränderung, die du dir wünschst für diese Welt.« Und er selbst hat, wie wir alle wissen, auch danach gehandelt. Natürlich mit allen Schwierigkeiten und Problematiken. Aber er hat die Welt verändert. Uns jedoch fehlt anscheinend das überzeugende Narrativ, das uns allen unzweifelhaft klarmacht, dass wir wirklich anders fühlen, anders denken, anders handeln müssen, anders miteinander umgehen müssen, anders mit der Natur umgehen müssen. Denn der einzelne Mensch in der sogenannten westlichen Welt lebt auf Kosten zukünftiger Generationen, siehe Welterschöpfungstag, sein ökologischer Fußabdruck ist riesig, er ist die Ursache für Artensterben, den Klimawandel, Zerstörung und Verschmutzung von Ozeanen und anderen Biotopen, die Ausbeutung von Ressourcen.

Warum kann sich ein Großteil der Menschen nicht bescheiden, warum wollen wir immer mehr, mehr Geld, mehr Macht, mehr Einfluss, mehr Ansehen? Warum überschätzen wir in so naiver Weise die scheinbare Stabilität der äußeren Natur und unserer inneren Natur, obwohl es an allen Ecken und Enden der Welt brennt? Weil – du hast es schon erwähnt – Wirtschaft und Ökonomie das bessere Narrativ haben, das den Großteil der Menschen anspricht.

Und geradezu pervers wird es dann, wenn genau die Menschen, die bei Sonnenschein als neoliberale Kapitalisten agieren, im Licht des Mondes zu Philanthropen werden und sich als solche feiern lassen. Das macht sie nicht zu besseren Menschen, denn es kompensiert ihr zerstörerisches Handeln nicht. So ähnlich hat es der amerikanische Journalist und Autor Anand Giridharadas in seinem Bestseller »Winners Take All« formuliert.[8]

HL: Ja, es ist Zeit, unsere Vorstellung über uns selbst, über uns als Menschen in einer Gemeinschaft zu verändern, bevor wir mit unserer jetzigen Vorstellung die eigene Existenz auf diesem Planeten endgültig zerstören. An Fakten und Wissen mangelt es uns sicher nicht. Aber es fehlt offensichtlich der Mut, dieses Wissen in seiner Gänze zu erfassen und daraus Konsequenzen zu ziehen.

KK: Vielleicht können wir vereinfacht sagen: Wissen ist eher eine Sache des Verstands, Mut eher auf der Gefühlsebene zu verorten. Dann wäre es bedeutend für das Gelingen einer Transformation hin zu einer Welt, in der wir alle leben können und wollen, die Menschen auf der Ebene der Gefühle anzusprechen. Das heißt, wir müssen ein Narrativ finden, das sich konstruktiv und motivierend an die Gefühlsebene der Menschen wendet.

Eine These ist, dass wir als Individuen meist aus einem tiefen inneren Mangel-Gefühl heraus handeln. Für Schopenhauer etwa ist dieser Mangel sogar ganz grundsätzlich Triebfeder für jegliches menschliches Handeln: »Denn alles Streben entspringt aus Mangel, aus Unzufriedenheit mit seinem Zustande, ist also Leiden, solange es nicht befriedigt ist. Keine Befriedigung aber ist dauernd, vielmehr ist sie stets nur der Anfangspunkt eines neuen Strebens.«[9] Mit anderen Worten: »Die Basis allen Wollens ist

Bedürftigkeit, Mangel, also Schmerz.«¹⁰ Vor allem in der Wirtschaft sehen wir heute jedoch eine pervertierte, auf die Spitze getriebene Aneignung dieses menschlichen Grundzustands für eigene Zwecke.

Wollen wir dem entkommen – und damit auch dem »Mehr, immer mehr« – müssen wir hin zu einem Handeln aus einem Fülle-Gefühl, das das Bewusstsein darum einschließt, dass der Mensch lediglich eine Individuation der Natur, ein Teil des Großen und Ganzen ist. Dieses Fülle-Gefühl, das tiefe, innere Wissen, dass alles da ist – auch die Antwort auf die große Frage nach dem Sinn des Lebens –, ist die Basis dafür, unsere Vorstellung von uns als Menschen neu zu schaffen.

Schauen wir auf einen anderen Kontinent, Asien, und gehen wir weit in der Zeit zurück. Der chinesische Philosoph Mengzi, latinisiert Mencius oder Menzius, hat im 4. Jahrhundert die Philosophie seines Lehrers Konfuzius entschieden vorangetrieben und verändert. Und übrigens Ansichten zum Umweltschutz formuliert, die wir eins zu eins auf heute übertragen können. Eine seiner Kernthesen ist, dass der Mensch im Grunde gut ist. Diese Eigenschaft besteht von Geburt an und gehört zum natürlichen Zustand des Menschen, der auch die moralische Dimension seines Handelns umfasst: »Sobald der Mensch seine Natur nicht aufgibt, ist die Moral – da sie Natur ist – in der Existenz enthalten.«¹¹ Hier handelt der Mensch aus einem Fülle-Gefühl, aus natürlicher, intrinsischer Verantwortung, und nicht aus einem Mangel-Gefühl heraus.

Moderne Forschungsergebnisse aus Biologie und Genetik bestätigen die Ansichten Mengzis. Neurologen und Psychologen wie etwa der US-Amerikaner Richard Davidson konnten belegen, dass jeder Mensch mit einer Veranlagung zu Sozialkompetenz, Empathie und Güte geboren wird, sie gehören quasi zur Grundausstattung unserer menschlichen Natur.[12] Wenn wir also unser Mitgefühl kultivieren wollen, geht es nicht darum, einen Gemütszustand neu zu erfinden, sondern eine Qualität zu fördern und zu erkennen, die per se im Menschen vorhanden ist. Es ist wie mit der Sprache: Wir werden mit der Fähigkeit, sprechend zu kommunizieren, geboren. Um diese Fähigkeit zu entwickeln, müssen wir allerdings in einer sprechenden Gemeinschaft aufwachsen. Genauso verhält es sich mit dem Mitgefühl.

HL: Mit anderen Worten: Der Mensch wird erst durch den Menschen zum Menschen.

KK: Ja, und stellen wir uns vor, wir leben in einer Welt, in der die Entfaltung aller Aspekte des Menschseins und die soziale Entwicklung einen höheren Wert haben als leistungsorientierte, ökonomische Produktivität und Effizienz. Stellen wir uns vor, wir leben in einer Welt, in der Mitmenschen füreinander da sind, weil wir Grenzen, Statussymbole, Geld und gesellschaftliche Hierarchien als konstruierte Aspekte der Selbstentmächtigung unserer eigentlichen Schöpferkräfte erkannt haben. Was für viele von uns zunächst wie ein esoterisches Hirngespinst klingen mag, ist das Ergebnis langjähriger Forschungsarbeiten von Entwicklungspsychologen wie der US-Amerikanerin Jane Loevinger.[13]

Und noch ein letztes Beispiel. Der deutsche Neurobiologe Gerald Hüther bezeichnet Menschen, die aus einem Fülle-Gefühl heraus leben, als würdevoll. Er schreibt: »Würdevolle Menschen erleben sich aus sich selbst heraus als wertvoll und bedeutsam. Sie brauchen weder andere, die sie und ihre Besitztümer bewundern, noch brauchen sie Macht, Einfluss, Reichtum oder irgendwelche Statussymbole, Stellungen oder Positionen, um sich als wertvoll und bedeutsam zu erleben. Auch wird niemand, der sich seiner Würde bewusst ist, andere Menschen würdelos behandeln, sie also zum Objekt eigener Absichten, Bewertungen oder Maßnahmen machen.«[14]

Dieser kleine, interdisziplinäre Diskurs zeigt, dass qualitative Sichtweisen auf ein mögliches anderes Zusammenleben mit Menschen und mit der Natur durchaus vorhanden und verfügbar sind. Im Grunde müssen wir diese Fakten nur zutage fördern – und hätten schon einen sehr wesentlichen Schlüssel zur Veränderung gefunden.

HL: Dennoch bleibt die Frage: Wer hat das Steuer in der Hand? Wer kann den Kurs ändern, wer will den Kurs ändern? Wie wir alle wissen, ist die Titanic, die als unsinkbar galt, an einem Eisberg zerschellt und gesunken.

2 Kursänderung

KK: Die Naturwissenschaften liefern nicht nur über den Jetzt-Zustand unseres Planeten die Fakten, sondern auch über mögliche Rahmenbedingungen für eine zukunftstaugliche Welt. Philosophen, Neurologen und Psychologen liefern zahlreiche qualitative Lebensansätze, und trotzdem sind wir alle nur schwer zu einer Kursänderung zu bewegen. Deswegen nochmals die Frage: Warum?

HL: Meines Erachtens ist eine zentrale Frage folgende: Warum machen wir Dinge so, wie wir sie machen? Die Antwort ist einfach: Weil wir erfolgreich damit waren. Was auch immer »erfolgreich sein« für jeden Einzelnen bedeutet. Wir sind lernfähige Lebewesen und tun Dinge, von denen wir wissen, dass sie uns nützen. Wir kommen auf die Welt und die Welt ist schon da. Und dann lernen wir von unseren Mitmenschen jede Menge erfolgreicher Rezepte, wie man ein gutes Leben lebt. Dabei lernen wir auch, was Freude macht, was uns inspiriert. Etwa zu reisen. Und natürlich ist es grundsätzlich toll, wenn wir in andere Länder reisen, um zu sehen, wie Menschen in anderen Kulturen leben, welche Musik sie machen, wie sie miteinander kommunizieren, was sie essen und trinken.

So lernen wir von anderen Menschen, von neuen Situationen. Irgendwann haben wir eine innere Liste, auf der steht, was wir mögen und was wir nicht mögen. Das alles ist Teil dessen, was wir mit dem Begriff Sozialisation beschreiben. Dabei wird der Einzelne in seinem unmittelbaren Verhalten ebenso wie in seinem Verhalten innerhalb einer Gruppe sozialisiert. Diese Erfahrungen bestimmen schließlich maßgeblich unser Handeln.

Und dann kommt plötzlich eine Nachricht, die quer zu allem steht, was wir bisher gemacht haben. Und wie reagieren wir? »Was, das kann doch nicht sein, es war doch bisher immer gut, dass ich gereist bin und große Autos gefahren habe! Das, was mir guttut, soll auf einmal schlecht sein für andere?« Wir reagieren überrascht, vielleicht sogar entrüstet. Aber dann kommen die Bedrängnisse von außen immer näher, irgendwann können wir nicht mehr vor uns selbst verleugnen, dass wir zum Beispiel mit unserer Lebensweise zum Klimawandel beitragen. Und dann müssen wir erkennen, dass wir offensichtlich über längere Zeit einem falschen Gott gehuldigt haben. Ausgerechnet in dieser Situation sollen wir unser gesamtes Leben umkrempeln? Unsere Lebensführung dramatisch ändern? Unser Mobilitätsverhalten? Unsere Essgewohnheiten? Unseren lieb gewonnenen Konsum? Unseren Umgang mit Ressourcen jeder Art?

Bisher hat die Politik in Deutschland diese Art von Belastungen vom Bürger ferngehalten, indem sie sie in Geld umgerechnet hat. Die Politik zeigt uns also nicht die tatsächlichen Schäden auf, die wir anrichten, sondern sie stellt uns die Schäden in Form von Steuern und Abgaben in Rechnung: Wir zahlen unsere Gebühren etwa für Müllentsorgung, für Trinkwasser und Abwasser, für unsere CO_2-Emissionen. Und so gehen wir davon aus, dass sich andere dafür die Hände dreckig machen. Wir wissen nicht und wollen es auch nicht wissen, wie Müll genau entsorgt, mit welchem Aufwand Abwasser gereinigt, wie Trinkwasser wirklich aufbereitet wird.

KK: Wir wollen auch nicht wirklich wissen, wer unser Hemd näht, unser Kleid färbt, wer unsere Bananen oder Kaffeebohnen pflückt, welche Urwälder zerstört werden, um Soja für Schweinefutter anzubauen oder Ölpalmen für Biodiesel und Nutella. Wir bezahlen für unseren Abfall, für unsere Kleidung, unser Essen und Trinken, und damit sind die Probleme für uns gelöst.

HL: Genau, die unbequeme, ja widerspenstige Wirklichkeit wurde über lange Zeit von uns ferngehalten, sie war der Hintergrund, die Kulisse für unsere Erfolge. Jetzt aber kommt diese Wirklichkeit in Form von Klimawandel und Umweltzerstörung direkt auf uns zu und schreit uns regelrecht ins Gesicht: »So könnt ihr nicht weitermachen!«

Das ist natürlich eine unglaubliche Anforderung, die viele von uns total überfordert. Teile der Politik und Teile der Gesellschaft setzen sich mit diesen Anforderungen auseinander, allerdings in einer ganz bestimmten Art und Weise, wir sind ja schließlich in der Lage zu abstrahieren: Wir formulieren und analysieren die jeweiligen Sachlagen in Zahlen, Tabellen, Diagrammen, fassen alles in Büchern zusammen. Wenn wir *wirklich* über die Probleme dieser Welt reden würden, die wir zum Großteil mit der Art und Weise verursachen, wie wir hier in Europa leben, müssten wir über Kinder reden, die vergiftet werden, über Frauen, die vergiftet werden, über Menschen, die sterben, weil der Boden, die Luft, das Wasser vergiftet sind. Wir würden verzweifeln. Aber selbst das Sterben dieser Mitmenschen rationalisieren wir, indem wir es als rein wissenschaftlichen Vorgang betrachten und alles genau analysieren: welches Gift, welche Menge Gift, wie wirkte das Gift … Den Tod auf diese Weise zu abstrahieren und zu rationalisieren ist etwas ganz anderes, als täglich mitzuerleben, wie Menschen langsam an ihrer Vergiftung sterben.

Um auf deine Ausgangsfrage zurückzukommen: Wir werden den Kurs erst dann ändern, wenn die Änderung Erfolg verspricht, wenn sich das Gefühl einstellt, es lohnt sich. Erst dann werden wir unser Handeln ändern.

Hinzu kommt, dass viele das Gefühl, dass es nicht nur um das Jetzt geht, sondern um eine Zukunft, um etwas, das noch kommen wird, nicht mehr haben, weil sie entweder keine Zeit haben, sich darüber Gedanken zu machen, oder weil es sie schlichtweg nicht interessiert. Denn unsere Gesellschaft ist eine Gesellschaft des Unmittelbaren geworden: alles sofort und jetzt.

Hinsichtlich der Zeit hat uns die Digitalisierung auf allen Ebenen in Zeitnot gebracht. Unser Leben ist bis auf die Minute streng durchgetaktet. Noch nicht einmal am Ende der Woche schaffen wir es, uns mit anderen zusammenzusetzen und zu überlegen: Wie wollen wir nächste Woche leben? So, wie wir letzte Woche gelebt haben?

Und weil wir keine Zeit für solche Fragen haben, kommt es letztlich dazu, dass freitags Kinder, Jugendliche und junge Erwachsene auf die Straße gehen – ich rede von der schwedischen Schülerin Greta Thunberg und den Tausenden Kindern und Jugendlichen weltweit, die ihr gefolgt sind – und den Erwachsenen sagen müssen: Ihr seid nicht einmal erwachsen genug, uns die Wahrheit zu sagen.[15]

Das empfinde ich als zutiefst beschämend, das ist erbärmlich. Da müssen wir uns fragen: Was für Eltern, was für Erwachsene sind wir?

Viele der heute Fünfzehn- bis Zwanzigjährigen haben längst erkannt, dass der Klimawandel real ist und der ultraliberale Kapitalismus die Welt zugrunde richtet. Sie wissen, dass ihr Leben in Konsum, Komfort und Sicherheit nur durch Ausbeutung und Ungerechtigkeit an anderen Stellen der Welt möglich ist, und sie wissen auch, dass sie selbst handeln müssen, um aus diesem Schlamassel herauszukommen. Denn die Menschen, sprich: die Politiker, die als Volksvertreter die Aufgabe hätten, die Zukunft so zu gestalten, dass sie lebenswert für alle bleibt, verbreiten auf allen Kanälen Banalitäten, denken an ihren Macht- und Statuserhalt und schieben anderen die Schuld in die Schuhe. Kurz: Sie nehmen ihre Verantwortung nicht wahr.

3 Dimensionswechsel

KK: »Nur die andere Seite unseres eigenen Wesens kann uns Aufschluss geben über die andere Seite des Wesens der Dinge.«[16] Mit diesem Satz formuliert Schopenhauer das, was wir heute als Perspektivwechsel bezeichnen würden. Wie dringend und wie wirksam für eine notwendige Kursänderung wäre ein Perspektivwechsel, ein Perspektivwechsel beim Blick auf uns, in uns hinein und aus uns heraus, sprich: auf die Welt?

HL: Ein Perspektivwechsel ist wie ein Handlungswechsel, also nicht ohne Weiteres zu bewerkstelligen. Perspektivwechsel ist schönes Akademiker-Deutsch, das klingt, als stünden uns verschiedene Perspektiven zur Verfügung, die wir leicht wechseln könnten. In Wirklichkeit aber haben und leben wir meist nur eine Perspektive: die Perspektive aus uns heraus. Wir können uns in andere hineinversetzen, wenn wir empathisch sind. Aber Empathie setzt voraus, dass wir unseren Egoismus zurücksetzen.

Für Menschen, die in psychologischen Berufen tätig sind, gehört das quasi zur Berufsbeschreibung. Sie sind mit den Krisen anderer beschäftigt, müssen sich wieder und wieder in ihr Gegenüber hineinversetzen. Das ist eine für das Gehirn extrem anstrengende Tätigkeit, weil sie die Worte des anderen hören, das Erlebte des anderen nacherleben und automatisch mit etwas verbinden, das sie im Kopf haben, das für sie selbst Bedeutung hat. Deswegen brauchen Psychologen oder Therapeuten von Zeit zu Zeit eine Supervision, um weiter empathisch sein zu können.

So gesehen ist Supervision eine Art medizinische, psychologische Rehabilitation. Und somit sicher eine gute Voraussetzung für einen möglichen Perspektivwechsel: morgens etwas Gymnastik, nachmittags eine Gesprächsrunde und vielleicht noch eine Einzeltherapie und dazu viel Zeit – dann könnte ein Perspektivwechsel gelingen.

Eigentlich müsste eine so aktive, schnelle Gesellschaft wie unsere eine Reha machen, um den völligen Kollaps zu verhindern. Zur gesellschaftlichen Reha gehört dann auch das, was ich schon kurz angesprochen habe: mehr Zeit, sprich mehr Feiertage, weniger tun. Aber das passiert nicht. Und so kommt es, dass Deutschland sich nicht mehr entspannen kann, und ohne Entspannung ist kein Perspektivwechsel möglich. Im Grunde braucht es eine gesellschaftliche Meditation. Ein erster Schritt in diese Richtung wäre, Wahrnehmungsübungen zu machen und zu fragen: Deutschland, wer bist du eigentlich? Europa, wer bist du, wofür stehst du noch, wenn du Flüchtlinge im Mittelmeer ertrinken lässt? Diese Fragen gelten für das Individuum natürlich genauso.

Schopenhauer oder etwa auch Goethe hatten den großen Vorteil, dass sie materiell abgesichert waren, also Zeit hatten, sich über die Menschen und die Welt Gedanken zu machen. Die meisten von uns sind aber Tag für Tag damit beschäftigt, Geld zu verdienen, um ihre Miete zu zahlen, ihr Leben zu finanzieren. Je schärfer die Randbedingungen werden – und dafür sorgt der Neoliberalismus –, je stärker der Markt in unser Leben dringt, desto weniger haben wir die Unabhängigkeit eines Arthur Schopenhauers, desto weniger können wir einen wirklichen Perspektivwechsel vollziehen. Perspektivwechsel würde bedeuten, dass wir uns dem entziehen, was die ganze Zeit von uns gefordert wird, nämlich dabeizubleiben, mitzumachen, zu konsumieren, Teil des ökonomischen Kreislaufs zu sein.

Entspannung und Freiheit sind also wesentliche Voraussetzungen für einen Perspektivwechsel. Für beide bräuchten wir ein radikales Herunterbremsen der gesamten Gesellschaft auf ein Tempo Anfang der 1980er-Jahre. Das Gegenteil aber ist der Fall: Die Digitalisierung beschleunigt unsere Gesellschaft in hohem Maße und treibt uns in Bereiche hinein, für die wir keine Anschauungsformen mehr haben und damit auch keine Ethik mehr. Ethik ist eine Theorie der Moral und unsere moralische Vorstellung davon, was wir tun können und was wir nicht tun können. Diese Vorstellung aber bricht zusammen, wenn wir keine Ethik mehr haben.

KK: Menschen, die im wahrsten Sinne des Wortes Perspektivwechsel vollzogen haben, sind die Astronauten, die ins All geflogen sind, sei es zum Mond oder in den Erdorbit wie der bekannte und beliebte Astronaut Alexander Gerst. Sie alle haben uns in Bild und Wort, aus dem räumlich größten Perspektivwechsel heraus, beschrieben und gezeigt, wie verletzlich, wie einsam, wie einzigartig die Erde ist.

»Wir sind den ganzen weiten Weg gereist, um den Mond zu erforschen. Und was wir tatsächlich entdeckt haben, war die Erde.«[17] So fasste etwa der Astronaut William Anders, Mitglied der Besatzung der Apollo 8, die 1968 erstmals den Mond umkreiste, seine Mission zusammen. Er und seine Kollegen James Lovell und Frank Borman waren die ersten Menschen, die die Erde als Ganzes aus der Distanz sahen. Sie waren, wie all die auf sie folgenden Weltraumreisenden, überwältigt von ihrem Anblick und ihrer Zerbrechlichkeit und gleichzeitig sofort davon überzeugt, dass ihr Heimatplanet absolut schützenswert sei. »Eine großartige Oase in der Ödnis des Weltalls«, so fasste es William Anders in Worte.[18] Aber die Menschheit, der einzelne Mensch scheint taub für solche Informationen. Warum?

HL: Diese Astronauten haben eine unglaubliche Technologie zur Verfügung gehabt, vor allem aber haben sie sehr hart trainiert, körperlich und geistig, um diesen Perspektivwechsel überhaupt vollziehen zu können und um die Situation auszuhalten, sich in einem Meer des Todes zu bewegen, auf einer winzigen Insel, die gerade so ihr Leben sichert. Das macht keiner mal eben nebenbei. Im Grunde wäre es also nötig, dass jeder von uns ein derartiges Training durchläuft, um in die Lage zu kommen, die Erde aus dieser Perspektive zu sehen, und um wirklich zu verstehen, wovon die Rede ist. Das ist aber nicht möglich. Und so sehen wir hier unten immer nur das Unmittelbare, wir bekommen diesen Overview-Effekt einfach nicht hin. Und Beschreibungen reichen offensichtlich nicht aus, um diese Erfahrung in aller Bedeutungstiefe nachzuvollziehen.

Das ist ein großes Problem, auch in Bezug auf Bilder. Wir sehen ja viele Bilder, etwa die von den riesigen Plastikstrudeln im Pazifik. Aber auch sie bleiben wirkungslos. Wenn wir selbst mit dem Kanu durch einen solchen Strudel hindurchpaddeln würden, hätte das sicher eine andere Wirkung auf unser Handeln, auf unseren Umgang mit Plastik etwa bei uns in Deutschland.

Auch wenn die Klimaextreme bei uns deutlich zunehmen, haben wir den Großteil der Umweltzerstörung auf andere Kontinente outgesourct, nach Südamerika, nach Afrika und Asien. Die Menschen hier bekommen kaum etwas mit von den Zerstörungen, die sie durch ihr Handeln und ihren Konsum verursachen, sie bekommen fertig verarbeitete Lebensmittel, sie bekommen schöne Kleider und schön verpackte, silbern glänzende oder matt schwarze Smartphones. Sie sehen nicht, wie Urwälder für den Anbau von Soja vernichtet werden, sie sehen nicht, wie Hunderte von Mädchen und Frauen in 12-Stunden-Schichten für einen Dollar am Tag in einer Fabrikhalle schuften, sie sehen nicht, wie Kinder im Schlamm des Kongo nach seltenen Erden graben. Und wenn jemand fragt, woher die Rohstoffe kommen, dann lautet die Antwort: Die werden doch geliefert.

KK: Wenn Beschreibungen also nicht reichen und Erfahrungen dringend notwendig sind, damit der Einzelne anders denkt und handelt, dann müssten wir dieses Buch konsequenterweise ungeschrieben lassen, oder?

HL: Auf Basis der kulturellen Veränderungsmöglichkeiten sind Bücher oder Filme Informationsträger, die einen kulturellen Überbau bilden, den eine Gesellschaft annehmen kann oder nicht. Wenn sie ihn annimmt, dann werden dadurch Werte für die unmittelbaren Handlungen des Alltags definiert und transportiert und spielen so eine Rolle in dieser Gesellschaft. Hinsichtlich unserer Probleme muss es uns gelingen, über eine Art kultureller Gangschaltung hochzuschalten und die direkten Erfahrungen, zum Beispiel die der Astronauten, so zu vermitteln, dass möglichst viele Menschen zumindest das Gefühl einer indirekten Erfahrung haben, die sich bei ihnen innerlich festsetzt, weil ihnen plausibel erscheint, was sie lesen, hören oder sehen.

Plausibilität stärkt unser Vertrauen in einen anderen Menschen, in das, was dieser Mensch tut und sagt. Das heißt, wir müssen dahin kommen, denjenigen zu vertrauen, die Nachrichten aus einer für alle von uns unerreichbaren Perspektive übermitteln. Alexander Gerst ist so ein Typ, ihm vertrauen viele, ihm wird Glauben geschenkt, und er hat uns auch ganz schön die Leviten gelesen.[19] Ein anderes Beispiel ist Greta Thunberg. Mit dieser Glaubwürdigkeit kann man Gesellschaften verändern, so wie Gandhi es getan hat. Gandhi konnte Indien verändern, weil er glaubwürdig war.

KK: Harald, stell dir vor, du würdest heute an den Orinoco reisen, würdest am Abend im Uferschlamm stehen, würdest dir eine Pfeife anzünden, auch wegen der lästigen Moskitos, und deinen Blick schweifen lassen über die weiten, braunen Fluten des Flusses und dann empor zum schwarzen Himmel schauen, an dem gerade der Mond aufgeht. Wie aus dem Nichts kommen zwei Männer auf dich zu, der eine stellt sich vor als Humboldt, Alexander von Humboldt, der andere als Neil Armstrong. Was würdest du sie fragen, außer wie zum Teufel sie ans Ufer des Orinoco gekommen sind?

HL: Neil Armstrong habe ich tatsächlich einmal getroffen, das war im Juli 2010 in Salzburg. Es war eine Woche vor seinem 80. Geburtstag, und ich fragte ihn, was er sich denn wünschen würde, und er antwortete: »Ich wünsche mir, dass wir jetzt erst einmal auf den Weltfrieden trinken.« Das kam aus tiefstem Herzen. Wie es der Zufall wollte, hatte der russische Kosmonaut Alexei Leonow, der auch da war, einen kleinen Geschenkkarton für Armstrong dabei, eine Flasche Wodka und mehrere Gläser, und damit haben wir dann auf den Weltfrieden getrunken.

Armstrong ist nach seinem Flug zum Mond relativ schnell aus dem Astronautenprogramm ausgeschieden und hat als Professor für Luft- und Raumfahrttechnik an der University of Cincinnati gelehrt. Er wollte kein großes Aufsehen erregen, er hatte seine »mission accomplished«, seine Mission erfüllt, das war's. Sich als Held, als erster Mensch, der den Fuß auf den Mond gesetzt hat, öffentlich feiern zu lassen, das war nicht sein Ding. Er hat andere Dimensionen von Zufriedenheit in sich gespürt, war ein unglaublich cooler, gelassener Perfektionist. Und deswegen, glaube ich, war er auch genau der Richtige für diese Mission.

Armstrong hat natürlich auch dieses Overview-Erlebnis gehabt. Astronauten wie Edgar Mitchell (Apollo 14), Charles Duke (Apollo 16) oder Eugene Cernan (Apollo 17), der bis heute der letzte Mensch ist, der auf dem Mond war, waren vom Anblick, der sich ihnen bot, genauso überwältigt wie die Astronauten der Apollo 8. Deswegen würde ich auch Armstrong fragen, wie das denn ist, wenn man da oben alleine auf dem Mond steht und die Erde sieht. Ist das wirklich ein Gefühl von: Wahnsinn, das ist doch alles irre, das ist so schön, das kann doch nicht wahr sein? Armstrong hätte mir wahrscheinlich Ähnliches geantwortet. Und ich bin mir sicher, Humboldt wäre in diesem Moment dazwischengegangen und hätte gesagt: Um dieses unbeschreibliche Gefühl des Wunders zu erleben, muss man doch nicht zum Mond fliegen.

Was die Astronauten gefühlt haben, ist die totale Leere des Universums. Du stehst auf dem Mond direkt an der Küste des kosmischen Meeres, am Ufer des totalen Vakuums. Im Gegensatz dazu war Humboldt ein Mann der

Erde, der mit beiden Beinen fest auf dem Boden stand und eine ganz andere Dimension dieses Universums sah, nämlich seine unglaublichen Verknüpfungen und Vernetzungen. Humboldt war der erste große Ökologe. Und vermutlich hätte er Armstrong gesagt: Schau dir die Welt hier an, in jedem dieser irdischen Dinge findest du ein eigenes Universum, in jedem dieser Dinge findest du alle Naturkräfte am Werk. Da oben, mein lieber Armstrong, hast du nur die Gravitation gespürt, du hast nur gesehen, dass dieser Himmelskörper, den wir Mond nennen, von der Erde gehalten wird, er fliegt nicht davon. Du fragst dich vielleicht, was für unsichtbare Kräfte das bewirken: Das kann dir ein Einstein heute alles erklären, hätte Humboldt gesagt. Aber hier, schau dir diese Pflanze an und frage dich: Woher kommt die Organisation, die alles zusammenhält, woher kommt die Kraft der Moleküle, sich in bestimmten Strukturen zu reproduzieren, ohne dass jemand das Ganze orchestriert? Das hätte Humboldt Armstrong wahrscheinlich gefragt.

Über die Genialität von Natur in ihrer lebenden Form geht nichts, darüber kann man eigentlich noch nicht einmal wirklich schreiben, weil sie einfach so genial, so wunderbar ist. Das Polanyi-Paradoxon besagt, dass wir mehr wissen, als wir erklären können. So, glaube ich, geht es uns auch bei der Beschreibung der Natur. Humboldt war einer der Ersten, die versucht haben, die Natur und die Naturgeschichte so vollständig wie möglich zu beschreiben. Dabei wusste er genau: Seine Worte würden nicht reichen, dieses Wunder bis ins Letzte zu erfassen.

Das spürt man beim Lesen seiner Texte: Es bleibt ein unbeschreibbarer Rest, und darin zeigt sich eine Dimension der Liebe, eine Zugeneigtheit, die nicht moralisch, nicht wissenschaftlich, nicht ökonomisch verpflichtet, sondern einfach nur die pure Freude an der Natur ist. Freunde, lasst uns feiern, hätte Humboldt gesagt.

Feiern aber ist nicht so sehr Sache der Astronauten. Die sind doch eher nüchtern. Und auch die Dimension des Erfolgs wird bei ihnen immer dadurch gedämpft, dass sie die Effizienz permanent weiter steigern wollen. Sie können nicht sagen: Jetzt ist es gut, wir haben es geschafft. Nein, in dem Moment, in dem sie Erfolg haben, wird das kleine Männchen im Ohr schon wieder laut und sagt: »Das Ganze geht aber sicher noch besser!« Dieser Innovationsvirus, dieser berühmte und fürchterliche Satz, »Das Bessere schlägt das Gute«, der für viele Wissenschaftler, Biologen, Ärzte, Physiker, Ingenieure und IT-Experten sicher Motivation und Begründung ihres Tuns ist – wenn dieser zum Prinzip für unser Leben erhoben wird, dann können wir natürlich mit nichts zufrieden sein.

Geoengineering ist so ein technologischer Irrsinn, der als neue Lösung im Kampf gegen den Klimawandel immer wieder proklamiert wird. Ich kann vor Funktionsvermutungen in diese Richtung und daraus folgenden technischen Umsetzungen nur warnen, weil wir hier in ein Räderwerk eingreifen, das wir absolut nicht beherrschen. Und ich bin mir sicher, dass Humboldt mir recht geben würde, weil er diese Zusammenhänge als einer der Ersten wirklich verstanden hat. Aber seine Position des Zugeneigten, des Bewunderers, des Liebhabers gegenüber der Natur nimmt heute kaum mehr einer ein. Und die ist entscheidende Voraussetzung für die Erkenntnis dieser Zusammenhänge.

Dazu fällt mir ein ganz persönliches Erlebnis ein. Ich hörte einen Geigenvirtuosen auf seinem Instrument spielen. Es war ein Stück, das ich nicht kannte, und ich wusste auch nicht, dass er auf einer Stradivari spielte. Irgendwann kamen mir die Tränen, ich weinte. Meine Nachbarin hielt mir ein Taschentuch hin, fragte mich, ob es mir gut gehe. Ich konnte nicht anders, es hatte mich total getroffen, vollkommen fortgetragen. Wenn es solche Momente doch gäbe: Eine ganze Gesellschaft beginnt zu weinen, weil sie sich berühren lässt, sei es von der Musik, sei es vom Wunder der Natur. Aber stattdessen sind unsere Wahrnehmungskanäle verstopft, haben wir das Ohropax der Wirtschaft im Ohr, den gesellschaftlichen Stress- und Status-Tinnitus, dessen hochfrequenter Dauerton Hirn und Herz durchdringt. Und obendrauf noch das Geschrei der Medien. Dadurch ist die Dimension in uns vollkommen verschüttet und unzugänglich, die solche Momente überhaupt ermöglichen würde. Aber genau diese Dimension brauchen wir dringend, wenn wir Handlungswechsel vornehmen wollen, denn Handlungswechsel sind Dimensionswechsel.

4 Das Wunder Natur

KK: Wenn uns das Wunderwerk Natur nicht zum Weinen bringt, wenn uns die vom Menschen verursachte
Zerstörung der Natur keine Tränen in die Augen treibt,
dann ist es höchste Zeit, dass wir uns selbst als Teil der
Natur wiederentdecken, dass wir uns wieder als Individuation der Natur begreifen, dass wir die Natur als
Ursprung der Menschheitsgeschichte auch zum obersten
Narrativ für unsere Zukunft bestimmen und endlich das
zerstörerische Geschrei des Kapitalismus und Neoliberalismus zum Schweigen bringen. Nur so sind wir in der
Lage, wieder Verantwortung für unsere Mitmenschen
und Mitwelt zu übernehmen, Verantwortung für unser
Handeln, Verantwortung für die Vielfalt und den Reichtum der Natur, Verantwortung für ein Wunder: das Wunder der Natur.

Was ist dieses Wunder der Natur?

HL: Wie vorhin gesagt: Wunder mit Worten zu beschreiben ist nicht einfach. Ich will es trotzdem versuchen:
Vielleicht zeichnet dieses Wunder an erster Stelle aus, dass
Natur sich selbst macht und von selbst entwickelt. Natur
war schon da, als es noch keine Menschen gab. Natur war

sogar schon da, als es noch überhaupt kein Leben gab. Alles, was auf natürliche Weise entstanden ist, stammt aus der Natur. Philosophisch betrachtet ist die Natur der größte Seinszusammenhang überhaupt. Er reicht vom Kosmos bis hin zu den allerkleinsten Bausteinen der Materie. Und dazwischen, ziemlich genau in der Mitte des ganz Großen und ganz Kleinen, steht das Leben als Phänomen, als Selbstorganisationsphänomen.

Natur als *Lebenswerk* ist ein ganz besonderes Wunder: Was muss alles gleichzeitig passieren, damit ein Lebewesen überhaupt leben kann? Am eigenen Leib erfahren wir nur allzu schnell, wie unser Körper aus dem Gleichgewicht geraten kann, wenn etwas nicht stimmt. Der Gesunde hat hundert Wünsche, der Kranke nur einen, nämlich wieder gesund zu werden. Unsere menschliche Existenz hängt auf Gedeih und Verderb von der Natur ab.

Einmal ganz plakativ gesprochen: Wir können uns nicht von Kunststoffen oder Mikrowellen ernähren. Der menschliche Körper ist ein natürliches System, das Moleküle in einer ganz bestimmten Form aufnehmen muss, um sie verarbeiten zu können. Das gilt für Wasser, für Sauerstoff, für unsere Nahrung. Das heißt, wir brauchen Natur, damit wir von ihr, in ihr leben können. Ist die Natur krank, wird es auch der Mensch.

Diesen Zusammenhang spüren wir intuitiv auch dann, wenn wir vom Wunder der Natur sprechen und die Voraussetzung dafür schaffen, diesem Wunder nachzugehen. Wenn wir uns nur einen Moment in unserem gehetzten Alltag darauf einlassen, die Natur um uns und in uns zu spüren, dem Natürlichen in uns selbst nachzugehen und seine engen Verbindungen mit den Elementen aufmerksam wahrzunehmen, dann wird das Wunder der Natur zum Moment, wo sich Seele, Geist und Leib als Einheit empfinden. Und genau dann spüren wir auch, wie wichtig unsere Verantwortung dafür ist, diese Natur zu erhalten, denn: Nur so können wir uns selbst erhalten.

Wir vergessen aber immer wieder, dass wir Teil dieser Natur sind, weil wir uns immer mehr von ihr entfernt haben. Wir sind keine Kunstwesen, wir kommen aus der Natur, wir sind das Resultat einer natürlichen Evolution und deswegen auf die Natur angewiesen. Zu viel Plastik in den Ozeanen, zu viel CO_2 in der Atmosphäre, eine schwindende Artenvielfalt … Heute spüren wir mehr und mehr, dass die Veränderungen der Natur, die wir verursacht haben, für unser Dasein überhaupt nicht förderlich sind.

KK: Und warum handeln wir trotzdem weiter so?

HL: Eine Antwort könnte sein, dass wir eben nicht über dieses humboldtsche Empfinden des »Wunders der Natur« verfügen. Für uns ist Natur zu einer bloßen Kulisse verkommen, vor der sich unser ökonomisches Handeln abspielt. Die Natur hat zu funktionieren und zu liefern. Wenn aber die Luft verschmutzt ist, das Wasser und der Boden vergiftet sind, ist uns unsere Lebensgrundlage entzogen. Auch Reichtum wird uns dann nicht mehr helfen.

Wenn Humboldt uns eines gelehrt hat, dann ist es der Gedanke, dass die Natur überhaupt nur als Ganzes begreifbar ist, dass sie eine große Relationalität ist, in der alles in Beziehungen und Wechselwirkungen zueinander steht – ein komplexes Geflecht, dessen Zusammenhänge, auch des scheinbar Unzusammenhängenden, oft erst durch mehrfache Perspektivwechsel sichtbar werden.

Vielleicht liegt unsere Unfähigkeit, anders zu handeln, daran, dass wir diese Zusammenhänge in den letzten 200 Jahren mehr und mehr aufgelöst haben und damit auch die Fragmentierung der Gesellschaft vorangetrieben haben. In den Naturwissenschaften, der Technik, der Ökonomie haben wir eine Zerlegung der Natur in Einzelteile vorgenommen, um sie für unsere materiellen und immateriellen Zwecke nutzbar zu machen. Deswegen nehmen wir das Ganze der Natur nicht mehr wahr.

Und vielleicht ist uns die Wahrnehmung dieses Ganzen auch deswegen verloren gegangen, weil wir an nichts mehr glauben. *Glauben* ist hier tatsächlich im theologischen Sinne zu verstehen: Wir glauben nicht mehr, dass es jenseits unserer technischen Möglichkeiten noch etwas gibt, das größer ist als wir. Wir glauben nicht mehr an etwas, das größer ist als die Menschheit selbst. Egal, wo wir hinschauen, wir glauben immer nur an das Machbare, das vom Menschen Machbare. Dieser Glaube geht ins Unermessliche. Und deswegen glauben wir auch, dass wir die Natur beherrschen können.

Der Satz »Der Mensch kommt auf die Welt und die Welt ist schon da« galt für die ersten Menschen genauso wie für uns heute. Die Natur ist uns gegeben, wie uns unser Leben gegeben ist. Aber das sind Gedanken, die vielleicht schon viel zu romantisch sind …

Dennoch, vielleicht ist es tatsächlich so, dass wir heute einfach nicht romantisch genug sind. Alexander von Humboldt hat nicht nur daran geglaubt, dass der Mensch zu verändern sei – davon zeugt etwa das Format seiner großartigen Kosmos-Vorlesungen über seine Weltreisen und seine Vorstellungen von der Natur, in denen er sich explizit an die *gesamte* Bevölkerung wandte, die kostenlos zuhören durfte –, sondern war Romantiker durch und durch. Was bedeutet das? Um es mit den Worten von Rüdiger Safranski zu sagen: Romantiker sind Menschen, die glauben, dass noch nicht alles vorbei ist, sondern dass noch etwas kommt.[20] Vielleicht haben wir einfach aufgehört, daran zu glauben, dass noch etwas kommt. Das führt natürlich sofort zu einer ethischen Grundfrage: Wenn wir glauben, dass nichts mehr kommt, dann fühlen wir uns auch nicht mehr verantwortlich für das, was noch kommen *könnte*. Vielleicht ist das der Grund für die Misere: unsere vollkommen fehlende Vorstellung davon, dass wir *jetzt* etwas tun sollten, was denjenigen zugutekommt, die in *Zukunft* leben werden. Vielleicht sind wir damit einfach überfordert.

KK: Oder es fehlt uns an Mut und Courage, weil wir letztendlich von einem Gefühl der Angst getrieben sind, von einem Mangel-Gefühl, und nicht von einem Fülle-Gefühl.

5 Mut

KK: Fehlt uns also der Mut?

HL: Es gibt einen berühmten Satz von Immanuel Kant, »Sapere aude«, »Habe Mut, dich deines eigenen Verstandes zu bedienen.« Das scheint ein altes Problem der Menschheit zu sein: sich des eigenen Verstandes zu bedienen und sich den Einsichten zu stellen, die sich daraus ergeben. Der Klimawandel und wie wir mit ihm umgehen ist da nur ein Beispiel unter vielen. Die Naturwissenschaften haben Daten geliefert, die uns dazu auffordern, unser Verhalten radikal zu ändern. Wir müssten jetzt also genau das tun, was Kant gefordert hat, nämlich den Mut haben, uns unseres eigenen Verstandes zu bedienen.

Entscheidend für Kants Aufforderung ist, dass sie sich innerhalb eines bestimmten Rahmens bewegt. Er sagt, zwei Dinge erschütterten sein Gemüt immer wieder: »Der bestirnte Himmel über mir und das moralische Gesetz in mir.« Heute aber haben große Teile unserer Gesellschaft mit Natur – ob das nun der Himmel über ihnen ist oder die Natur um sie herum oder ihre eigene Natur – wenig zu tun, sprich keinen Bezug zu ihr, kein Gefühl für sie, keine Ahnung von ihr. Wir wohnen in Häusern, fahren mit Autos oder unterirdischen Zügen, sprich U-Bahnen, bewegen uns auf Rolltreppen in die Tiefe und wieder hinauf. Von der Natur bekommen wir da wenig mit. Um den Mut zu haben, sich für die Natur zu entscheiden, müssen wir zunächst einmal wissen, was Natur überhaupt ist.

In Deutschland gibt es heute so gut wie keinen Quadratmeter ursprünglicher Natur mehr. Und wenn doch, ist sie als Naturschutzgebiet unter Schutz vor uns Menschen gestellt. Jenseits dessen haben wir fast nur noch kulturell domestizierte, gebändigte Natur, Natur, die so eingerichtet ist, dass sie sich verhält, wie wir es wollen: das Feld, von dem wir essen wollen, der See, in dem wir schwimmen wollen, der Fluss, auf dem unsere Schiffe fahren sollen, der Berghang, auf dem wir Ski fahren wollen. Die Natur ist nicht mehr ursprünglich, nicht mehr wild, nicht mehr bedrohlich, sie ist nur noch Fassade, Kulisse, die unserem Nutzen oder unserem Wohlgefallen dienen soll.

Und diese Art von Natur vermittelt uns den fatalen Eindruck, dass wir alles im Griff hätten: Wir brauchen keinen Mut, uns dieser Natur zuzuwenden. Die solcherart domestizierte Natur ist Teil des Betriebs Deutschland, ein Teil, der genauso funktioniert wie unsere technologische Infrastruktur. Deswegen stellt sich für viele Menschen die Frage nach einer mutigen Entscheidung nicht. Wofür sollten sie sich denn entscheiden, die Natur ist doch da, sie ist sauber und funktioniert.

KK: Aber eine mutige Entscheidung wäre es doch zu sagen, wir müssen allesamt so handeln, dass wir die Natur bewahren.

HL: In diesem Zusammenhang erwarte ich nicht nur den Mut des Einzelnen, sondern auch den Mut der politischen Klasse, richtungsweisende Entscheidungen zu treffen, egal ob es das Feld der Energie, der Landwirtschaft oder die Frage der sozialen Gerechtigkeit betrifft. In der Politik werden aus Mangel an Mut unglaublich kurzfristige und meist wirtschaftsadäquate Entscheidungen getroffen, weil wir einem internationalen Wettbewerb unterliegen. So wird es uns zumindest erzählt. Diesem Argument kann man nur begegnen, wenn eine Gesellschaft, wenn ein Staat in diesem Punkt wirklich souverän ist und sagt: Wir handeln jetzt vornehmlich nach ökologischen Zielsetzungen. Aber um das zu erreichen, bräuchten wir in der Umweltpolitik einen ähnlich starken Konsens, wie wir ihn zum Beispiel in Deutschland in der Außenpolitik haben. Die Konsequenzen eines solchen Konsenses in der Umweltpolitik scheinen vielen aber zu drastisch, um sich daran zu wagen. Mitten in der E-Auto-Debatte wird davon gesprochen, es gäbe einen Kreuzzug gegen das Auto. Es müsste doch allen klar sein, dass das Auto keine Technologie ist, die wir uns in einer Welt erlauben können, die in Zukunft davon geprägt sein soll, dass wir entscheidend weniger CO_2 emittieren. Das Auto, und damit meine ich auch das E-Auto, kann es nicht mehr geben, und schon gar nicht in der Vielzahl. Wir haben in Deutschland jedes

Jahr eine Million Autos mehr, das heißt, wir haben einen größeren Zuwachs an Autos als an Neugeborenen. Trotzdem entscheiden die Politiker: Wir retten das Auto. Warum soll man das Auto retten? Welchen Grund gäbe es dafür?

An diesem Problem zeigt sich auch, dass es durch die Anonymisierung der Produktionsprozesse und der Investoren niemanden mehr gibt, der sich wirklich verantwortlich fühlt. Meine These ist, wie gesagt, dass wir unsere persönliche Beziehung zur Natur und zum Wirtschaftssystem in den letzten 200 Jahren immer mehr verloren haben und weiter verlieren. Verantwortlich können wir uns aber nur für etwas fühlen, das für uns von Bedeutung ist, zu dem wir eine wirkliche Beziehung haben. Und Mut haben wir dann, wenn wir uns für etwas einsetzen, das für uns von Wert ist, dem wir uns verbunden fühlen. Für eine entfremdete Natur, für eine entpersonalisierte Wirtschaft bringen wir keinen Mut auf.

KK: Andrea Wulf schreibt in ihrem Buch »Alexander von Humboldt und die Erfindung der Natur«, dass Humboldts »ganzheitlicher Ansatz – eine wissenschaftliche Methode, die neben empirischen Daten auch Kunst, Geschichte, Poesie und Politik einbezog – in Ungnade gefallen war. Zu Beginn des 20. Jahrhunderts fand ein Mann, der Gefühle und Fantasie in seiner Wissenschaft berücksichtigte und einen extrem weiten Wissenshorizont hatte, wenig Anklang beim Establishment.«[21] Müssen wir angesichts der Herausforderungen, die vor uns liegen, nicht auch den Wissenschaftsbetrieb neu überdenken? Ist es Zeit für uns, wie Andrea Wulf schreibt, »Humboldt als unseren Helden und Vorkämpfer wiederzuentdecken?«[22]

HL: Um auf dem Planeten der Erkenntnis einen Quadratmeter zu finden, auf dem noch niemand gestanden hat, muss sich eine Studentin oder ein Student der Naturwissenschaften heute vor allem spezialisieren. Und um nach diesem Prozess zum Generalisten zu werden, braucht es mehr Zeit als die fünf Jahre, die für einen höheren Studienabschluss vorgesehen sind. Die Frage ist deshalb: Wie bekommen wir den holistischen Ansatz von Humboldt mit dem reduktionistischen, spezialisierten Ansatz zusammen? Letzterer ist ja zum Beispiel auch dann bedeutend, wenn es darum geht, eine Technologie weiterzuentwickeln.

Kunst etwa könnten wir als eine holistische Ausdrucksform bezeichnen, die sich mit dem Gegebenen, mit dem Wirksamen auseinandersetzt. Weil der Mensch mehr weiß, als er erklären kann – über das Polanyi-Paradoxon haben wir ja schon gesprochen –, sucht er jenseits der beschreibenden Sprache und Mathematik nach Ausdrucksformen für das Implizite, für seine Ängste, Hoffnungen, Visionen, Gefühle. Und mit diesen Ausdrucksformen, ob Musik, Malerei, Bildhauerei oder auch Literatur, versuchen wir die impliziten Informationen so auszudrücken, dass andere damit etwas anfangen können. Im Grunde genommen ergeht es uns dabei wie den Mystikern, die eine Erfahrung in ihrem Inneren machen, die sie nicht in Worte fassen können. Humboldt hat versucht, diese Dimension der Kunst, diese Dimension des Mystischen in seine Beschreibung der Natur miteinzubinden.

Und auch wir müssen beides zusammenbringen. Nehmen wir einmal an, wir hätten ein Schulfach mit der Bezeichnung »Humboldt'scher Holismus«. Wie würde man ein solches Fach unterrichten? Ohne die Detailkenntnisse eines »Spezialisten« geht das nicht.

KK: Die Schule ist eine Sache. Eine andere sind die Wissenschaften selbst. Wie können wir das Interdisziplinäre zwischen den einzelnen Fachwissenschaften, auch und vor allem zwischen den Natur- und den Geisteswissenschaften, wieder fördern?

HL: Naturwissenschaftler sind meist keine großen Kommunikationskünstler. Kommunikation ist auch nicht unbedingt ihre Aufgabe. Wer sich am Rand der Forschung auf ein Gebiet fokussiert, kann nicht pausenlos mit der Gesellschaft kommunizieren. Aber diejenigen, die offizielle Positionen einnehmen, auch an Universitäten, sollten über die Fähigkeit verfügen zu kommunizieren, vor allem glaubwürdig zu kommunizieren. Sie sollten in der Lage sein, die Freude, die Lust an der Wissenschaft auszudrücken. Und natürlich wäre es wunderbar, an den Universitäten mehr und intensiver interdisziplinär zu arbeiten, ein Thema also von verschiedenen Seiten anzupacken. Das Interesse an Ringvorlesungen vonseiten der Öffentlichkeit ist groß. Aber es muss auch eine Bereitschaft der einzelnen Fachwissenschaften da sein. Wenn man einmal in einer Kommission für Ringvorlesungen gesessen hat und sieht, wie viele Fakultäten nicht vertreten sind, weil sie sich offensichtlich nicht für eine Teilnahme interessieren, dann schwindet der Glaube an universelle, interdisziplinäre Bildung innerhalb der Universitäten.

Mein Ziel, mein Traum ist eine Ringvorlesung zum Thema »Geschichte der Natur – Vom Urknall bis zum Heute« als Teil eines Studium generale im besten Humboldt'schen Sinne. Ich liebe es, Naturgeschichte zu erzählen, mich dabei als Mensch inmitten anderer Menschen zu sehen und zu fragen: Was machen wir eigentlich wie und warum? Was macht uns aus, was macht die Welt aus, was machen wir mit der Welt? Humboldts Kosmos-Vorlesungen sind da ein wahres Vorbild. Er hat es gewagt, sich hinzustellen und zu sagen: Alle können kommen, vom Malermeister bis zum König. Ich erzähle euch etwas von der Natur und von der Welt. Genau so sollte man es auch heute machen.

Demgegenüber gibt es jede Menge Kolleginnen und Kollegen, die sich mit außerordentlich speziellen Fragen beschäftigen, die sicherlich für eine ausgewählte Gruppe von Wissenschaftlern hochinteressant sind – das war's dann aber auch. Das ist eine Entwicklung, die ich sehr bedaure, denn eine Universität macht sich damit zu einer reinen Spezialisten-Einrichtung.

Und ja, die Kinder müssen wieder raus aus den Klassenzimmern, sollten mit ihren Lehrerinnen und Lehrern spontan raus in die Natur gehen können, in die Stadt, malen, zeichnen, spielen, lernen, die Welt erfahren und entdecken, in der sie ihr Leben leben werden. Aber das scheitert schon daran, dass jeder Schulausflug angekündigt und von allen Eltern und Offiziellen genehmigt werden muss.

KK: Die Reise zum Mond war kein Spaziergang und kein Erste-Klasse-Flug. Humboldts und Bonplands Expedition durch die Llanos, entlang des Orinoco und zum Gipfel des Chimborazo war, wie Humboldt selbst sagte, keine »Lustreise«. Sie wären fast verdurstet und ertrunken, fast erstickt und erfroren, sie haben sich mit blutigen Füßen und tauben Händen über schmale Gebirgspfade gequält, sie haben mit Moskitos und Zitteraalen gekämpft, sind vor Krokodilen und Jaguaren geflüchtet. Das alles aber konnte ihnen das Gefühl vom Wunder der Natur nicht nehmen, im Gegenteil. Wie würden diese Erfahrungen – und über die Bedeutung von persönlichen Erfahrungen haben wir ja schon gesprochen – Menschen heute über die Natur fühlen und denken lassen?

HL: Eigentlich ist es ganz einfach: Jeder von uns kann einmal damit anfangen, eine Nacht aufzubleiben und sich irgendwo auf eine Wiese oder in einen Wald zu legen, die Geräusche zu hören, die nachts auftauchen, spüren, wie sich der Tau langsam niederschlägt, wie es frisch, kühl oder sogar kalt wird. Wie froh wäre man, wenn man jetzt ein Feuer machen oder sich ins Warme zurückziehen könnte. Man merkt, wie man müde wird, vielleicht schläft man ein, mitten in der freien Natur, nicht hinter verschlossenen Türen oder heruntergelassenen Rollladen, nein, nach allen Seiten offen und ungeschützt. Käfer und Mäuse, Mücken und Spinnen, Regenwürmer, Raupen oder Schnecken könnten über einen laufen, krabbeln oder kriechen. Natürlich könnte auch plötzlich ein Wildschwein vor einem stehen. Das wäre nicht mehr so harmlos. Da wird man ganz still und ist froh, wenn das Wildschwein einfach weiterzieht.

Man spürt am eigenen Leib, dass das Buch der Natur nicht mit mathematischen Symbolen geschrieben ist, wie Galileo Galilei es einmal gesagt hat. Man spürt schnell, dass in der Natur etwas ganz Großes herrscht. Man merkt, überall ist Leben. Es gibt keine Lücke. Ständig und überall ist die Natur dabei, ihren Lebenswillen auszudrücken. Das Leben ist mirakulös, eine Form von Materie, die sich offenbar ohne Anlass ausdrückt und einfach nicht verschwinden will. Dem Leben ist nicht beizukommen.

Sich diesem Sein hinzugeben ist eine Erfahrung, die Armstrong und Alexander Gerst genauso gemacht haben wie Humboldt und Bonpland. Allesamt sind sie in Räume eingedrungen, in die sie eigentlich nicht gehörten, und haben versucht, mit dem umzugehen, was sich ihnen an natürlichen Gegebenheiten, an widerstrebender Wirklichkeit entgegenstellte. Armstrong und Buzz Aldrin standen auf dem Mond. Ihre Körper eingeschlossen in eine künstliche Hülle, damit sie vor dem tödlichen Vakuum geschützt sind, der Leere um sie herum. Humboldt und Bonpland haben sich dagegen in einer Gegend befunden, für die ihre Körper geschaffen waren: auf einem Planeten mit Atmosphäre und Gravitation. Aber sie erforschten eine wilde Natur, in der die Möglichkeit ihres Todes permanent vorhanden war, nämlich in Form von Krokodilen, Jaguaren und vielen anderen Gefahren. Wenn sich alle vier getroffen hätten, Humboldt und Bonpland, Armstrong und Aldrin, ich bin überzeugt, sie hätten sich eine Menge zu erzählen gehabt.

KK: Harald, du hast Humboldt und Armstrong ja am Ufer des Orinoco getroffen. Jetzt bietet der eine, Armstrong, dir an, flieg mit mir zum Mond, der andere, Humboldt, lädt dich zu einer Expedition entlang des Orinoco und zum Gipfel des Chimborazo ein. Wem würdest du dich anschließen?

HL: Ich denke, ich würde lieber mit Humboldt losziehen. Die unentwegte Bedrohung außerhalb der Raumkapsel würde mich verrückt machen. Solange ich auf dem Boden bin, auf der Erde stehe, habe ich zumindest das Gefühl, ich könnte mich aus einer katastrophalen Situation vielleicht noch selbst herauswinden. Da draußen im Nichts reicht das kleinste Loch, um mich umzubringen. Ich glaube nicht, dass ich in der Lage bin, diese extreme Situation auszuhalten. Dass ich auf diesem Planeten sterben werde, ist sicher, an was, weiß keiner. Ein kleines Loch reicht hier unten aber wahrscheinlich nicht aus, um mich umzubringen, da oben schon. Deswegen gehe ich mit Humboldt.

Ich würde ihm sagen, dass ich wahrscheinlich auf dem ganzen Weg nörgeln und mich übergeben werde, weil ich das Essen und die Hitze nicht vertrage. Und wenn wir zurück sind vom Orinoco und vom Chimborazo, würden wir zusammen in Berlin eine Vorlesung halten, vor den Mächtigen und Reichen, den sogenannten Entscheidern dieses Landes. Wir würden ihnen die Natur erklären, ihnen ins Gewissen reden, ihnen erklären, wie wunderbar die Welt ist, die wir gerade zerstören …

Ja, wir zerstören unsere Welt. Wir zerstören sie sogar ohne Not. Was treibt uns dazu? Die Gier? Wir in Deutschland haben inzwischen einen Lebensstandard erreicht, der weit oberhalb dessen liegt, was wir brauchen. Auch hier müssten wir eigentlich zurück zum Lebensstandard Anfang der 1980er-Jahre. Da war ich gerade 20 und hatte nicht den Eindruck, dass mir irgendetwas fehlt. Schon damals wurde über ein Tempolimit auf Autobahnen gesprochen. Schon damals wurde darüber gesprochen, die Waren von der Straße auf die Schiene zu bringen. Und was ist von den genossenschaftlichen Ideen übrig geblieben? Es folgte der neoliberale Unsinn von Reagan und Thatcher, die es geschafft haben, dass sich selbst Labour und auch die Sozialdemokraten in Deutschland damit beschäftigten.

Wir leben unter der Dominanz eines sozio-ökonomisch-technischen Regimes, das die ganze Zeit predigt, wir müssten Geld verdienen, in einem System, in dem Wissenschaft, Technik und Wirtschaft eng vernetzt und vollkommen durchökonomisiert sind. Es wirkt sich auf fast alle unsere Lebensbereiche aus.

Ökonomie ist, wenn es um das Ziel geht, extrem rational: Rendite und Profit. Wenn es aber um die Methoden geht, mit denen dieses Ziel erreicht werden soll, ist sie hoch irrational. Der Satz von Ludwig Erhard, »Wirtschaft ist zu 50 Prozent Psychologie«, verweist darauf, dass im Hintergrund Emotionen eine große Rolle spielen. Nach außen wird zwar immer so getan, als ob alles durchdacht und ziel- und zweckorientiert wäre, in Wirklichkeit aber spielen emotional hochaufgeladene Dinge bei vielen Entscheidungen in Industrie und Wirtschaft eine viel größere Rolle, als wir alle denken.

Ein klassisches und gleichzeitig perverses Beispiel für solch ein irrationales Handeln ist das Verhalten eines der weltgrößten Mineralölkonzerne, von ExxonMobil. Der Konzern hatte in den 1970er-Jahren ein Team von Wissenschaftlern damit beauftragt, zu untersuchen, welche Konsequenzen das Verbrennen von Erdöl, Erdgas und Kohle für das Klima hat. Im Jahr 1977 machte James Black, ein führender Mitarbeiter der eingesetzten Forschungsabteilung, der Unternehmensleitung klar: »Vor allem gibt es einen allgemeinen Konsens in der Wissenschaft, dass die wahrscheinlichste Art und Weise, wie der Mensch das globale Klima beeinflusst, in der Freisetzung von Kohlendioxid durch das Verbrennen fossiler Energieträger besteht.«[23] Ein Jahr später warnte Black davor, dass eine Verdopplung der CO_2-Konzentration in der Atmosphäre zu einer zwei bis drei Grad Celsius höheren globalen Durchschnittstemperatur führen würde. Trotz dieses Wissens, das der allgemeinen Öffentlichkeit erst Jahre später eröffnet wurde, leugnete ExxonMobil über Jahrzehnte hinweg die Existenz des Klimawandels und förderte sogar Falschinformationen über die Auswirkungen der Ölwirtschaft auf das Klima.

KK: Wo ist denn heute die Alternative, wo ist das neue ökonomische und ökologische Modell?

HL: Alexandria Ocasio-Cortez, die 2019 mit 29 Jahren die jüngste Abgeordnete war, die je ins Repräsentantenhaus in Washington gewählt wurde, wurde innerhalb weniger Wochen nach ihrer Wahl zur umjubelten, gefeierten, beliebtesten – von anderen auch viel gehassten – Politikerin in den USA. Sie setzt sich nicht nur für eine Abschaffung der hohen Studiengebühren in den USA und ein bezahlbares Gesundheitssystem ein, sondern vor allem für einen Spitzensteuersatz von 70 Prozent für die Superreichen und für ihren »Green New Deal«, eine Initiative mit dem Ziel, dass Amerika innerhalb der nächsten zehn Jahre zu 100 Prozent erneuerbare Energien nutzt. »Gemeinsam werden wir unser Land in eine neue Zukunft führen«, so Alexandria Ocasio-Cortez. Diese Frau hat Mut. Das ist es, was uns fehlt, eine politische Bewegung, in der sich die Mutigen und Halbmutigen zusammenschließen und sagen: Zusammen schaffen wir das! Vamos juntos!

Ein weiteres Beispiel für Mut ist auch, dass sich die Europäische Union quasi von oben herab dazu durchgerungen hat, einen »European Green Deal« zu formulieren und zu verabschieden, demzufolge Europa bis zum Jahr

2050 als erster Kontinent klimaneutral werden soll. Das haben die einzelnen europäischen Regierungen in ihren Ländern nicht geschafft. Und so zwingt die EU jetzt sozusagen ihre Mitgliedsstaaten, sich diesem Ziel anzuschließen und entsprechende Maßnahmen in die Wege zu leiten. Das finde ich mutig, das geht in die richtige Richtung. Manchmal muss man eben von oben herab Dinge fordern und einfordern.

Ebenso bedeutend für eine gelungene Transformation und ebenso mutig sind natürlich die vielen kleinen Nischenprojekte, bei denen Menschen an einer sozial und ökologisch verträglichen Zukunft arbeiten. Die werden meistens belächelt. Aber diese Projekte werden mehr werden, die Veränderung kommt von unten, nicht nur von oben. In einem Gutachten des Wissenschaftlichen Beirats der Bundesregierung für globale Umweltveränderung mit dem Titel »Welt im Wandel – Gesellschaftsvertrag für eine große Transformation« wurden Transformationsprozesse bis in ihre kleinsten Details beschrieben und die Wichtigkeit von Nischenprojekten unterstrichen. Die Autoren kommen zu dem Schluss, dass es in Krisensituationen, zum Beispiel beim Klimawandel, darauf ankommt, im entscheidenden Moment Alternativen anzubieten. Wenn das dominierende sozio-technische Regime, so heißt es in dem Gutachten, mit seinen dominierenden Megatrends in eine Krise gerate, weil zum Beispiel die Ressourcen immer weniger werden, weil sich die Umweltbedingungen radikal verändern, müssten diese alternativen Optionen, die bisher als Nischenprojekte eine Randerscheinung waren, auf jeden Fall vorhanden sein. Nur dann ist Veränderung möglich.

Für diese Nischenprojekte ist von großer Bedeutung, dass sie Menschen nicht nur auf rationaler Ebene inspirieren, sondern auch auf der irrationalen, der Gefühlsebene. Es geht im Kern darum, dass wir nicht verzweifeln, nicht unseren Mut verlieren. Alternativen zum Vorherrschenden bleiben nur am Leben, entfalten Kraft und Wirkung, wenn wir uns gegenseitig bestärken, uns zu einer Gruppe zusammenfinden, und das nicht nur, weil wir es rational für richtig erachten, sondern auch aus einem Gefühl für ein Miteinander heraus, weil wir uns mögen. Gefühle spielen eine große Rolle dabei, zusammen durchzuhalten, widerstandsfähig zu sein, der Pflicht zum zivilen Ungehorsam, so nannte es Hannah Arendt, nachzukommen.

»Ziviler Ungehorsam entsteht«, schreibt sie, »wenn eine bedeutende Anzahl von Staatsbürgern zu der Überzeugung gelangt ist, dass entweder die herkömmlichen Wege der Veränderung nicht mehr offenstehen bzw. auf Beschwerden nicht gehört und eingegangen wird oder dass im Gegenteil die Regierung dabei ist, ihrerseits Änderungen anzustreben, und dann beharrlich auf einem Kurs bleibt, dessen Gesetzes- und Verfassungsmäßigkeit schwerwiegende Zweifel aufwirft.«[24]

Ein Beispiel für Hannah Arendts Aussage über den zivilen Ungehorsam sind natürlich die Fridays-for-Future-Demonstrationen, aber auch der Erfolg, den Umweltschützer vor dem Bundesverfassungsgericht hatten. Im April 2021 hat das Bundesverfassungsgericht das Klimaschutz-

gesetz der Bundesregierung in Teilen für verfassungs-
widrig erklärt. Das Gericht hat klar festgestellt, dass die
Regierung deutlich mehr tun muss, damit die Klimaziele
erreicht werden. Dazu gehöre auch, so die Richter, dass
drastische Schritte zur Senkung der Treibhausgas-Emissio-
nen nicht zu Lasten der jungen Generation auf die lange
Bank geschoben werden dürften. Für die Nachbesserung
des Klimaschutzgesetzes hat das Gericht der Regierung
eine Frist bis Ende 2022 gesetzt.

Um zivilen Ungehorsam zu üben, brauchen wir neben
Fakten und Wissen Emotionen und Gefühle. Das lässt uns
mutig sein.

Stell dir doch mal vor, von den sechs Billionen Euro,
die in Deutschland auf Sparbüchern und sonst wo he-
rumliegen, von diesen sechstausend Milliarden Euro würden zehn Prozent, also sechshundert Milliarden Euro und
damit fast das Doppelte des Bundesetats, an den Staat
zurückgehen mit der Maßgabe, dieses Geld für die ökologische Transformation zur Verfügung zu stellen. Das
wäre machbar und das wäre mutig!

6 Raum und Zeit

KK: Wir haben festgestellt, dass wir mit den Naturwissenschaften, der Technik, der Ökonomie in den letzten 200 Jahren eine Zerlegung der Natur in ihre Einzelteile vorgenommen haben, um sie besser zu verstehen und maximal ökonomisieren zu können.

Auch auf sozialer Ebene erleben wir durch den Neoliberalismus und die Ökonomisierung eine zunehmende Fragmentierung der Gesellschaft, die zur Schwächung des Einzelnen und der Gesellschaft insgesamt, zu Angst und Unsicherheit führt.

Ein Weg, sich dem zu widersetzen, ist, den Dingen wieder Raum und Zeit zu geben.

HL: Und was heißt es, dem Leben abseits der Ökonomisierung wieder Raum und Zeit einzuräumen? Ein Beispiel: 12. Februar 2019, München. Auf dem zentralen Platz der Stadt, dem Marienplatz, windet sich eine mehrere Hundert Meter lange Menschenschlange über die Hälfte des Platzes. Tausende stehen bei frostigen Temperaturen um die null Grad an, um das Volksbegehren »Rettet die Bienen« für die Artenvielfalt in Bayern im Rathaus zu unterzeichnen. Keiner drängelt, keiner meckert, die

Stimmung ist locker, fast fröhlich. Das Gefühl der Selbstermächtigung – meine Stimme zählt –, das Gefühl, das Richtige für Mensch und Natur zu tun, scheint hier alle zu vereinen. Die Menschen warten mehr als eine Stunde lang, um mit ihrer Unterschrift der verfehlten, naturzerstörenden Landwirtschaftspolitik der bayerischen Regierung ein Ende zu setzen. Eine ökologisch ausgerichtete Landwirtschaft ist nicht nur gut für die Natur, die Bienen und die anderen Insekten, sondern auch für die Bauern und Verbraucher. Das Beispiel zeigt ebenso wie die Fridays-for-Future-Demonstrationen, dass viele Menschen bereit sind, sich Zeit zu nehmen und Raum einzunehmen, wenn es um die Gestaltung einer gemeinsamen, lebenswerten Zukunft geht. Und das auch gegen die Regierung und eine selbstherrliche Wirtschaftselite.

KK: Du hast vorhin gesagt, Harald, dass wir Zeit und Raum brauchen, um Transformationen in Gang zu setzen. Erkläre doch einmal aus der Sicht des Physikers: Was ist Zeit, was ist Raum?

HL: In Thomas Manns »Bekenntnisse des Hochstaplers Felix Krull« gibt es diese wunderbare Szene, in der Professor Kuckuck im Speisewagen des Zugs nach Lissabon dem Marquis de Venosta alias Felix Krull Raum und Zeit erklärt: »Es habe das Sein nicht immer gegeben und werde es nicht immer geben. Es habe einen Anfang gehabt und werde ein Ende haben, mit ihm aber Raum und Zeit, denn die seien nur durch das Sein und durch dieses aneinander gebunden. Raum, sagte er, sei nichts weiter als die Ordnung oder Beziehung materieller Dinge untereinander. Ohne Dinge, die ihn einnähmen, gäbe es keinen Raum und auch keine Zeit. Denn Zeit sei nur eine durch das Vorhandensein von Körpern ermöglichte Ordnung von Ereignissen, das Produkt der Bewegung, von Ursache und Wirkung, deren Abfolge der Zeit Richtung verleihe, ohne welche es Zeit nicht gebe. Raum- und Zeitlosigkeit aber, das sei die Bestimmung des Nichts. Dieses sei ausdehnungslos in jedem Sinn, stehende Ewigkeit, und nur vorübergehend sei es unterbrochen worden durch das raumzeitliche Sein.«[25]

Aus dem, was Professor Kuckuck hier über Raum und Zeit erzählt, ergibt sich ein qualitativer Unterschied zwischen den beiden Dimensionen: Man kann zweimal an denselben Ort gehen, also am selben Punkt im Raum sein, aber man kann nie an einen bestimmten Punkt der Zeit zurückkehren. Die Zeit ist eindimensional, sie verläuft immer in eine Richtung, während der Raum dreidimensional ist. Um Raum und Zeit nun miteinander zu verknüpfen, braucht es die Wirkung, die, so würde man es in der Physik sagen, die Zeit verräumlicht. Das heißt: Damit in der Zeit etwas passiert, braucht es eine Ursache, die irgendwo im Raum verortet ist und durch ihre Wirkung an einem anderen Ort etwas verändert. Diese Veränderung kann maximal mit Lichtgeschwindigkeit passieren.

Bildlich können wir uns das so vorstellen: Wir laufen mit einem Trichter herum, so wie ihn Hunde manchmal von Tierärzten verpasst bekommen, um zu verhindern, dass sie sich an ihrer Nase oder an ihren Augen kratzen. Wir bekommen von der Welt nur das mit, was wir mit dem Trichter um den Kopf sehen. Alles, was außerhalb des Trichters passiert, braucht eine bestimmte Zeit, um in den Trichterradius hineinzukommen und von uns wahrgenommen zu werden.

Als Astronom weiß ich so zum Beispiel nicht, ob der viele Millionen Lichtjahre entfernte Stern, den ich am Himmel sehe, überhaupt noch in meinem Jetzt existiert. Vielleicht hat er sich längst in einer fantastischen Supernova in seine Einzelteile zerlegt und die Wirkung dieser kosmischen Explosion hat mein Auge noch nicht erreicht. Das macht unser Universum auf der einen Seite so wundervoll, auf der anderen Seite aber auch dramatisch, fast tragisch: Man kann nichts zurücknehmen. Alles, was einmal passiert ist, hat Wirkung auf die Umgebung.

Heisenberg hat es so formuliert: Man kann nicht nicht wechselwirken. Wir üben immer Wirkung aus, und die anderen üben Wirkung auf uns aus. Das ist die Wechselwirkung. Diese Wirkung spüren wir nicht nur über unsere fünf Sinne, auch jeder Atemzug hat Wirkung. Die Sauerstoffmoleküle, die wir aufnehmen, reagieren über die Lunge mit unserem Blut und liefern uns Energie, genau wie die Moleküle, die wir durchs Essen aufnehmen. Und daneben gibt es tausend andere Dinge, die ebenfalls passieren. Dinge, von denen wir nichts wissen, weil sie sich außerhalb unseres Zeit-Raum-Trichters, außerhalb unseres Lebens abspielen.

Aber lass uns noch einmal zurück zur Zeit kommen. Wir wissen, dass wir nicht zurück an einen bestimmten Punkt in der Zeit gehen können, dass die Zeit unaufhörlich vergeht. Das ist für uns entscheidend: Unsere Lebenszeit ist endlich, unsere Zeit läuft ab. Wir kommen auf die Welt, und ab einem gewissen Alter wird uns bewusst, dass wir sterben werden. Wir wissen nicht, wann oder wie, aber wir wissen, dass wir sterben werden. Das stellt sich für uns als eine unheimliche Katastrophe dar, weil ein Lebewesen, das über ein so starkes Reflexionsvermögen verfügt wie wir, sich nicht vorstellen kann, nicht zu sein. Damit setzt die Zeit uns unter Druck. Wenn wir unsterblich wären, hätten wir diesen Druck nicht. Ich weiß nicht, ob wir uns dann überhaupt für irgendetwas interessieren würden. Denn unsere Neugier, unser Streben, ein Ziel zu erreichen, hat auch immer damit zu tun, dass über uns das Damoklesschwert des Todes schwebt. Damit wird die Zeit für uns zu einer enorm wertvollen Ressource. Merkwürdig aber ist, dass wir sie in ihrem Wert nicht wirklich anerkennen, sonst würden wir anders leben, als wir es tun.

Es gibt den berühmten Satz: Zeit ist Geld. Er zeigt, dass wir aus einer Ressource, von der wir wissen, dass sie unsere wertvollste ist, ein Handelsgut gemacht haben. Als Arbeitnehmer gebe ich meine Zeit und meine Arbeitskraft an einen Arbeitgeber, dafür erhalte ich Geld oder Werte, mit denen ich mein Leben führen kann. In Zeiten der Spezialisierung bedeutet das, dass ich Arbeit auslagere und dafür bezahle, denn ich kann mich nicht selbst darum kümmern, ein Haus zu bauen oder in der Natur Nahrungsmittel zu besorgen, sei es als Jäger, Sammler oder Bauer.

Je mehr wir die Zeit ökonomisieren, umso höher wird der Druck. Die Ökonomie verlangt von uns, dass wir innerhalb einer bestimmten Zeitspanne immer mehr tun, damit immer mehr Geld verdient werden kann. Das heißt: Zeit wird komprimiert. Dadurch zeichnen sich Moderne, Postmoderne oder auch Post-Postmoderne aus. Vor 600 Jahren dagegen haben wir noch rhythmisch gelebt. Rhythmus ist die periodische Wiederkehr eines Vorgangs. Rhythmus hat und lässt Spielraum. Die evolutionäre, die biologische Zeit ist rhythmisch.

Heute, in der technologisierten Welt, leben wir im Takt. Die Technologie hat die Zeit immer genauer durchgetaktet: Wir nutzen heute Technologien, die mit Lichtgeschwindigkeit arbeiten, die höchste Präzision und den schnellsten Takt überhaupt vorgeben. Ein Computer mit einem Gigahertz-Prozessor erledigt eine Milliarde Rechenprozesse pro Sekunde. Diese Ökonomisierung der Zeit schleudert uns in Bereiche, die wir nicht mehr durchblicken können. Wir haben es am Anfang schon gesagt: Zeit beschreibt die Abfolge von Ursache und Wirkung, die Abfolge von Ereignissen. Wenn wir jetzt also mit der höchsten Wirkungstransportgeschwindigkeit, der Lichtgeschwindigkeit, arbeiten, sind wir praktisch überall gleichzeitig auf diesem Planeten. Wir sind eigentlich nicht mehr in der Lage nachzuvollziehen, zu begreifen, was wir tun, wenn wir zum Beispiel eine Information elektronisch um die Welt schicken. Diese Geschwindigkeit – alles sozusagen in Echtzeit erfahren zu können, was auf diesem Planeten gerade passiert – überfordert das Verständnis eines Wesens, das das Produkt einer Evolution mit rhythmischen Abläufen ist. Und das ist der Mensch. Das heißt: Diese Geschwindigkeit überfordert uns.

Ein Blick zum Himmel, zur Sonne, zum Mond und zu den Sternen, ein Blick in die Natur, Frühjahr, Sommer, Herbst und Winter, zeigt uns, wie langsam die natürlichen Rhythmen sind. Wir aber sind an dem Punkt angekommen, wo wir den Rand der erkennbaren Wirklichkeit der Zeit in unseren Alltag einbauen.

Wir leben eigentlich ständig am Rand des Wahnsinns, weil wir die Zeit – unsere Zeit – monetarisiert und technologisiert haben. Wir kommen nicht mehr mit, nicht mehr hinterher. Und am Ende sind wir leer, taumeln wie eine ausgebrannte Raketenstufe Richtung Boden, ein Boden, auf dem wir eigentlich mit beiden Beinen stehen sollten, auf dem wir aber am Ende zerschellen als Drogenabhängige, als Alkoholiker, als Ausgebrannte, als Ausgemusterte, als Unerwünschte, als Verzweifelte, als Patienten in der Psychiatrie – als Objekte ohne Würde.

7 ... so wie du bist

KK: Was können wir gegen das innere Ausbrennen, gegen das Zerschellen tun?

HL: Heute ist es ein großes Privileg, in nicht-ökonomischen Zusammenhängen leben zu dürfen. Diesen Raum, diese Zeit müssen wir für uns zurückerobern, wir müssen heraus aus dem ökonomisch getriebenen Takt, zurück zu einem Rhythmus, der nicht nur für unser Wesen, sondern auch für die Natur verträglicher ist. Wir müssen auf einen Zeitstrahl wechseln, auf dem ein anderes Tempo, eine andere Anforderung herrscht.

Der Satz »Du wirst geliebt, so wie du bist« bedeutet, du musst dich nicht verändern. Das ist ein Satz, der heute vollkommen aus der Zeit fällt. Du wirst nicht aufgefordert, dich dein Leben lang zu verändern, du wirst geliebt, so wie du bist. Das ist ein Freibrief im positivsten Sinne. Mensch unter Menschen sein. Auf Augenhöhe mit anderen Menschen, keiner schaut auf den anderen herab.

Jeder Ökonom würde sagen: Um Gottes willen, du kannst nicht so bleiben, wie du bist, du sollst konsumieren, du sollst dich verändern, du brauchst jedes Vierteljahr neue Klamotten, alle zwei Jahre ein neues, größeres

Auto, du musst in den Urlaub fliegen, um dich zu erholen, dein Haus muss größer und schöner werden, damit die anderen auch wissen, wie wichtig du bist. Veränderung ist die Bedingung der Möglichkeit, dass der Konsum immer schneller, immer mehr wird. Wenn du keine Wünsche hast, sondern dich so, wie du bist, und mit dem, was du hast, wohlfühlst, bist du für unser System eine Katastrophe.

Aber stellen wir uns doch einfach einmal vor, wir würden weltweit jeden Tag fünf Minuten für eine Aufmerksamkeitsübung aufbringen. Fünf Minuten, in denen alle Menschen nichts tun, außer sich selbst wahrzunehmen, den anderen wahrzunehmen, sich selbst inmitten der anderen wahrzunehmen.

Was das mit uns macht und wie bedeutend dabei Zeit und Raum sind, können wir, die wir jeden Tag funktionieren müssen, ganz einfach ausprobieren. Wir setzen uns hin, nehmen irgendeinen Gegenstand und führen ihn ganz langsam von der einen Hand in die andere und machen sonst nichts. Wir nehmen einfach nur wahr, was da ist. Das kann man auch mit anderen Menschen machen. Man nimmt den anderen an die Hand, blickt ihm ins Gesicht und freut sich: Wie schön, dass du da bist. Wenn man das macht, kann es sein, dass einem die Tränen in die Augen treten, weil man merkt, dass man etwas Grundlegendes vermisst hat.

Diese einfachen Übungen zeigen, wie wir uns wiederfinden, wie wir uns unserer selbst ermächtigen können in einer Welt der Zeiträuber. Und wie wir merken können, dass uns in dieser Welt etwas fehlt, das ganz grundsätzlich zu unserem Menschsein gehört.

Außerdem zeigen diese Übungen, dass neben der kosmischen, physikalischen Zeit ein ganz persönliches Zeitempfinden existiert. Wunderbar beschrieben hat das der Physiker und Philosoph Bernd-Olaf Küppers in seinem Buch »Die Berechenbarkeit der Welt«.[26] Er erklärt uns, dass es für uns die Vergangenheit der Vergangenheit, die Gegenwart der Vergangenheit und die Zukunft der Vergangenheit ebenso gibt wie die Vergangenheit der Gegenwart, die Gegenwart der Gegenwart und die Zukunft der Gegenwart. Entsprechend natürlich die Modi der Zukunft. Wir denken und fühlen Zeit gar nicht so eindimensional, wie uns die empirischen Wissenschaften das immer darstellen. Wir erleben Zeit nach der Qualität des Erlebten.

Einstein hat diese Relativität der Zeit so beschrieben: Wenn ein Mann eine Stunde mit einem hübschen Mädchen zusammensitzt, kommt ihm diese Stunde wie eine Minute vor. Sitzt er dagegen auf einem heißen Ofen, scheint ihm schon eine Minute länger zu dauern als jede Stunde. Das ist Relativität. Ein anderes Beispiel sind Kinder. Sie vergessen die Zeit beim Spielen manchmal völlig, auch wenn ihnen ein Physiker danach sagen würde: Trotzdem ist Zeit vergangen und ihr seid älter geworden. Was viele Manager hingegen als High-Quality-Time bezeichnen, ist nichts anderes, als möglichst viel in wenig Zeit hineinzupacken. Wie so oft verwechseln die Herren hier wieder einmal Quantität mit Qualität.

Alles, was für uns von Bedeutung ist, benötigt Zeit.

Das betrifft auch die Bildung. Gute Bildung braucht Zeit, schon allein deswegen, weil man Fehler machen darf, machen soll. Ein Fehler verlangt Zeit, um über den Fehler nachzudenken. Das ist natürlich wenig ökonomisch und wenig effizient. Studenten, die nachdenken, sich zurückziehen, um nachzudenken, vergeuden doch Zeit, oder?

Humboldt war von den Zeitnöten der Moderne nicht betroffen. Armstrong hingegen musste schnell reagieren, weil die Technologie präzise, schnelle Handhabung von ihm verlangte. Humboldt konnte seinem eigenen Tempo folgen. Natürlich gab es Herausforderungen, die die Natur an ihn stellte, bei denen auch er schnell handeln musste, aber seine Reise auf dem Orinoco war bei Weitem nicht so durchgetaktet wie Armstrongs Reise zum Mond. Da hieß es: Neil, du hast noch sechs Sekunden, sonst hast du nicht mehr genügend Treibstoff, um nach Hause zu kommen. Humboldt hatte, vorausgesetzt er war gesund, immer ausreichend Energie, um nach Hause zu kommen.

KK: Wie sind Zeit und Raum in diese Welt gekommen?

HL: Es gibt heute physikalische Indizien, die darauf hinweisen, dass unser Universum einen Anfang gehabt hat, der sehr heiß, sehr homogen und sehr dicht gewesen ist. Einer der Ersten, die über den Anfang gegrübelt haben, Aristoteles, war zugleich der Erfinder der Logik. Er stellte die Frage, ob es eine Ursache gibt, die selbst keine Ursache hat. Wenn alles durch einen Beweger in Bewegung gehalten wird, so Aristoteles, dann müssten auch die Sterne, die ja ganz offenbar in Bewegung sind, einen Beweger haben. Dann aber müsste es auch einen Beweger für den Beweger der Sterne geben. Und noch einen Beweger für den Beweger, der den Beweger bewegt. Und so weiter und so fort. Und damit war Aristoteles mittendrin in einem infiniten Regress, in einer unendlichen Kette von Fragen, auf die es keine befriedigende, keine logische Antwort gibt. Das ist natürlich blöd, wenn du die Logik erfindest und schon gleich mit dem Anfang des Universums ein Problem hast, weil du keine logische Lösung dafür finden kannst. Also setzte Aristoteles, gnadenlos und kühn zugleich, einen unbewegten Erstbeweger an den Anfang des Universums. Dieser unbewegte Erstbeweger soll die Welt aus Liebe geschaffen haben. Das ist ein Dimensionssprung in eine ganz andere Ecke hinein.

KK: Wie ist das für dich, Harald: Liebe an den Anfang des Universums zu stellen, muss für einen nüchtern denkenden Physiker doch unbefriedigend sein, oder?

HL: Richtig, denn jede empirische Wissenschaft muss einen Unterschied feststellen können zwischen Ursache und Wirkung. Wenn wir als Beispiele zwei Theorien der Physik nehmen – die allgemeine Relativitätstheorie in Form der Schwarzen Löcher und die Quantenmechanik in Form der Heisenberg'schen Unbestimmtheitsrelation –, dann lässt sich der Ursprung unserer Welt tatsächlich mit den kleinsten kausal sinnvollen Zeit- und Längeneinheiten errechnen. Diese sind nicht null Zentimeter und null

Sekunden, sondern sie haben eine Ausdehnung, die sozusagen den Kubus der physikalischen Möglichkeiten definiert. Es sind die Planck-Länge mit einer Ausdehnung von $1,6$ mal 10^{-35} Metern und die Planck-Zeit. Diese ergibt sich, wenn man die Planck-Länge durch die Lichtgeschwindigkeit, etwa $300\,000$ Kilometer pro Sekunde, dividiert. Dann erhalten wir einen Wert von $5,3$ mal 10^{-44} Sekunden. Daraus können wir die Planck-Masse und die Planck-Energie berechnen und kommen dabei auf die Anfangstemperatur des Universums: 10^{32} Grad Kelvin. Das ist die höchste Temperatur im Universum. Damit hat alles angefangen.

Wir Physiker gehen also davon aus, dass Zeit und Raum als Dimensionierung in der Welt durch den Urknall entstanden sind.

KK: Raum und Zeit sind demnach entscheidende Bausteine unserer Schöpfung?

HL: Ohne Raum und Zeit wäre nichts, da stimme ich als Physiker mit Thomas Manns Professor Kuckuck überein. Raum ist immer nur Raum, wenn etwas darin ist, und Zeit ist immer nur Zeit, wenn sich etwas verändert.

KK: Noch einmal zurück zu den Ursprüngen des Universums. Womit hat alles angefangen? Und warum? Hat ein Schöpfer dieses Universums – wer auch immer – Raum und Zeit geschaffen, um sich selbst zu betrachten, sich selbst zu erfahren?

HL: Das ist eine hochinteressante, auch in der Theologie viel diskutierte Frage. Wenn wir davon ausgehen, dass es Zeit benötigt, einen Gedanken zu fassen und zu formulieren, würde auch ein Schöpfer, ein Gott, unter dem Diktat von Raum und Zeit stehen. Cusanus, Nikolaus von Kues, kam deswegen zu dem Schluss, dass bei Gott alle Widersprüche zwischen scheinbar Unvereinbarem zu einer Einheit zusammenkommen und sich auflösen. Deswegen seien auch alle Aussagen, die wir über Gott machen können, falsch. Er spricht von einem Gott, der überall und nirgends ist. Und dieser hat nun die Welt einschließlich Raum und Zeit und schließlich den Menschen erschaffen, um eine Art Gegenpart zu haben, um eine Weiterentwicklung in Gang zu setzen, ja, vielleicht sogar, um sich zu erfahren, um zu lernen.

Auch im »Faust« ist davon die Rede, da sagt Gott gleich zu Beginn im »Prolog im Himmel«: Mephisto kann ruhig da sein, den habe ich nie gehasst. Es ist interessant, wie Goethe den Teufel als Gegenspieler zu Gott zeichnet, obwohl der Teufel ja wissen sollte, dass Gott immer gewinnen wird. Aber Gott lässt ihn gewähren.

KK: Phänomene, die für uns Menschen über das Verständnis von Raum und Zeit hinausgehen, bezeichnet der US-amerikanische Publizist und Philosoph Timothy Bloxam Morton als Hyperobjekte.[27] Gott wäre solch ein Phänomen, aber möglicherweise auch der Klimawandel. Ist er räumlich zu groß und zeitlich zu komplex, als dass wir ihn wirklich als die Bedrohung erfassen und verstehen können, die er ist? Sind wir deswegen handlungsunfähig und verharren in Gleichgültigkeit und Fatalismus, anstatt für das Leben auf diesem Planeten alles Mögliche und Nötige zu tun?

HL: Der Klimawandel übersteigt unseren Horizont sicher bei Weitem, da stimme ich zu. Um uns solchen Problemen zu stellen, haben wir die Wissenschaft geschaffen. Wir versuchen, uns mit unserer Vernunft, einem Teil unseres Verstandes, der wiederum Teil unseres Geistes ist, in der Welt zu orientieren, ihr eine Struktur zu geben, die für uns nachvollziehbar ist. Wir haben im Laufe unserer Evolution gelernt, dass Nachvollziehbarkeit Reduktion von Angst bedeutet. Im Umkehrschluss folgt daraus: Je ängstlicher wir sind, desto handlungsunfähiger werden wir. Deswegen haben wir Menschen früh angefangen, der Welt Ordnung und Struktur zu geben. Kultur ist in diesem Sinne eine Art Angstbefreiungsprozess, bei dem der Mensch in Gemeinschaft mit anderen versucht, mithilfe von Ritualen und Traditionen die Angst vor der Welt zu domestizieren, zu kultivieren, in seinem Inneren zu zähmen. So gesehen ist das primäre Hyperobjekt die Welt selbst, weil sie unseren Verstandeshorizont in vieler Hinsicht übersteigt.

Die Frage lautet aber doch eigentlich: Wo liegt der Grund für unsere Hilflosigkeit? Wenn der Klimawandel wirklich ein Hyperobjekt ist, dann wäre die Antwort auf dieses Problem ganz einfach: Wir konzentrieren uns bei seiner Lösung auf Objekte, die keine Hyperobjekte für uns sind, etwa auf Objekte in unserem unmittelbaren Lebensraum. Das heißt, wir fragen uns, wo wir möglichst schnell Veränderungen bewirken können, die in die Richtung laufen, die wir verfolgen, nämlich den Klimawandel zu bremsen. Dabei würde uns übrigens auch die Evolution helfen, weil sie uns nämlich mit einem inneren Belohnungssystem ausgestattet hat, das aktiv wird, wenn Dinge gut laufen. Ist das der Fall, wiederholen wir diese Dinge. Dabei freut sich also nicht nur unsere Ratio – die kann auch gar nicht nicht feiern –, sondern unsere Gefühle werden direkt angesprochen. Wenn wir unsere kühle Ratio mit unserer fürsorglichen, großzügigen, emotionalen Fürsorge für die Natur zusammenbringen, dann sind wir auf dem richtigen Weg, dann werden Verhalten und Haltung eins, dann wird der Mensch ganz, dann wird er eins mit seiner Natur.

Aber ich denke, dass es viel zu wenige Menschen gibt, die diesen Zustand erreicht haben, weil sie sich zu sehr von Äußerlichem, sprich Konsum oder Status, haben beeinflussen lassen, wegtragen lassen, anstatt einfach bei sich zu sein. Das heißt auf der einen Seite, sich vor zu vielen Einflüssen und Zugriffen von außen zu schützen, und auf der anderen, sich im richtigen Moment auf jemanden einzulassen, für den anderen, für die Welt da zu sein – diese Welt, wie auch Humboldt es getan hat, aus der Perspektive des Liebenden, des Zugeneigten zu betrachten. Das ist die Haltung, die wir zur Meisterung unserer Zukunft brauchen.

8 Dasein

KK: Das eigene Dasein und das Da-Sein für andere und für diese Welt führen zur Frage der Moral, zur Frage, was ist die wirkliche Natur des Menschen und wie findet der Einzelne Zugang zu seiner Natur?

Am Beispiel des Kindes, das in einen Brunnen zu fallen droht, erklärt der chinesische Philosoph Mengzi die Erfahrung des Mitleids. Danach definiert sich Mitleid durch eine Unmittelbarkeit der Reaktion, die Universalität des Phänomens und durch ein nicht vorhandenes, nicht vom Ego getriebenes Interesse.[28] Mitleid, so Mengzi, ist als Ursprung unserer Moral zu sehen, die sich wiederum in unserem Mitgefühl mit unseren Mitmenschen und unserer Mitwelt zeigt.

Ähnlich denkt Schopenhauer, für den Mitleid »das Urphänomen« der Moral ist. Und weil Schopenhauer sich nicht erklären konnte, wie beim Mitleid die Schranke zwischen Ich und Nicht-Ich für einen Augenblick aufgehoben wird, kam er zu dem Schluss, dass diese Schranke künstlich und das Ich eine Illusion sei. Mitleid empfinden heißt also nach Schopenhauer: Der mitleidende Mensch macht die Erfahrung, dass der andere nicht grundsätzlich anders ist, dass er und der andere eins sind.

HL: Würden wir heute wieder einen Zugang zu dieser grundsätzlichen Einheit finden, dieses »Eins ist Alles« wieder fühlen können, würden wir uns – wie Humboldt sagt – wieder als Teil der großen Verkettung der Ursachen und Wirkungen sehen, in der kein Stoff, keine Tätigkeit isoliert betrachtet werden kann, und mit unseren Mitmenschen und unserer Mitwelt anders umgehen. Oder um es im Sinne Mengzis zu formulieren: Was uns verbindet, ist unser gemeinsames Teilhaben an der Existenz, am Lebensstrom. Nach Mengzi existiert das Individuum nicht isoliert. Deshalb ist es empfindsam für andere, so wie es sich auch in der Reaktion des Mitleids zeigt. Menschlich sein bedeutet für Mengzi, die Existenz der transindividuellen Dimension des Ichs zu fördern.

KK: Auch hier findet sich eine Übereinstimmung mit Schopenhauer wieder: »Die Erkenntnis der Einheit aller Wesen (…) allein kann uns erlösen.«[29]

Nach Schopenhauer wird durch das Mitleid der Egoismus überwunden. Lass mich den Bogen noch etwas weiter schlagen und einen Moment bei Schopenhauer bleiben: Nach Schopenhauer identifizieren wir uns mit anderen Menschen und der Natur durch die Einsicht, dass deren Wille derselbe wie der unsere ist. Unter Willen versteht Schopenhauer das kosmische Prinzip der Existenz, einen ziellosen Drang zu leben. In seiner Ethik geht es darum, wie wir gehört haben, die Grenze zwischen Ich und Du aufzuheben, und zwar deswegen, weil in allem der gleiche Wille besteht. Das bedeutet auch, dass nur die individuelle Vorstellung uns daran hindert, die Welt wie sie ist, also den Willen in allem und nicht nur in uns selbst, zu erkennen. Hieraus folgt bei Schopenhauer ein im Vergleich zu Kants kategorischem Imperativ radikal anderer Imperativ – das Prinzip der Moral: »Verletze niemanden, vielmehr hilf allen, soweit du kannst.«[30]

Schopenhauers Ethik schließt hier den Schutz der Tiere und den Respekt vor der Einzigartigkeit des Lebens mit ein, er schreibt: »Mitleid mit den Tieren hängt mit der Güte des Charakters so genau zusammen, dass man zuversichtlich behaupten darf, wer gegen Tiere grausam ist, könne kein guter Mensch sein.« Denn, so Schopenhauer weiter, »jeder dumme Junge kann einen Käfer zertreten. Aber alle Professoren der Welt können keinen herstellen.«[31]

Alles ist mit allem verbunden. »Ich brauche dich, um ich selbst sein zu können. Genauso wie du mich brauchst, um du selbst sein zu können. Auf diese Weise sind wir miteinander verbunden.« So formulierte es der ehemalige südafrikanische Erzbischof Desmond Tutu, der ebenso wie Nelson Mandela ein prominenter Praktizierender der afrikanischen Ubuntu-Philosophie war. Das Wort Ubuntu entstammt den Bantusprachen und bedeutet so viel wie: Ich bin, weil ihr seid, und ihr seid, weil ich bin.

HL: Hier sehen wir wieder: Der Mensch wird erst durch den Menschen zum Menschen. In diesem Sinne fordert der Philosoph Hans Jonas von uns: »Handle so, dass die Wirkungen deiner Handlung verträglich sind mit der

Permanenz echten menschlichen Lebens auf Erden. (…) Handle so, dass die Wirkungen deiner Handlung nicht zerstörerisch sind für die künftige Möglichkeit solchen Lebens. (…) Gefährde nicht die Bedingungen für den indefiniten Fortbestand der Menschheit auf Erden. (…) Schließe in deine gegenwärtige Wahl die zukünftige Integrität des Menschen als Mit-Gegenstand deines Wollens ein.«[32]

In diesen von Jonas vor mehr als 40 Jahren formulierten Imperativen geht es um das Überleben der Gattung Mensch und um das Überleben der Einzelperson im soziokulturellen Kontext. Das umfasst, dass wir als Einzelperson Respekt genießen, den Respekt der anderen, und selbst Respekt zollen. Anders gesagt: Wir sollten immer daran denken, dass mein Mitmensch eine Würde hat. Und zwar nicht im Konjunktiv, sondern im Indikativ, das heißt: Mein Mitmensch *hat* die Würde, er *würde* nicht die Würde haben, er *hat* sie.

KK: Daran können wir wieder mit Mengzi anschließen, der vor mehr als 2300 Jahren sagte: »Wenn das Bewusstsein diese transindividuelle Dimension aus dem Auge verliert, wenn sein Horizont auf seine Individualität zusammenschrumpft, dann verdammt es sich zur Erstarrung und Verknöcherung.«[33]

Für Mengzi ergibt sich daraus, dass es die Pflicht eines jedes Menschen ist, mit anderen Menschen menschlich umzugehen, und dass es etwa moralisch und tugendhaft ist, wenn der Besitzende mit den Armen teilt: »Das Gegenteil des Guten ist die Verfolgung dessen, was man für sich selber von Vorteil hält, ohne sich um den anderen Gedanken zu machen. (…) Der Fürst darf sich nicht von seinem Volk abtrennen, sondern muss mit ihm teilen; anstatt auf Kosten anderer zu leben, muss er seine Reichtümer der Gemeinschaft zukommen lassen.«[34]

Nach Mengzi genügt im Grunde die Tugend der Menschlichkeit, um die Ordnung in der Welt zu sichern. Das eigene Dasein und das Da-Sein für andere und für diese Welt hätten damit eine klare Moral, eine Ethik, die auch die Frage nach der wirklichen Natur des Menschen beantwortet.

Und wieder sehen wir: Alles ist mit allem verbunden. Neueste Erkenntnisse der Naturwissenschaften, sprich der modernen Hirnforschung, aber auch der Biologie und Psychologie, kommen sogar zu dem Schluss, dass wir vom Menschen als einem Einzelwesen gar nicht sprechen können. Ein Beispiel: Wenn wir einem Menschen alles nehmen, was er durch andere gelernt hat, bleibt von ihm nichts, was ihn als Individuum ausmacht.

Auch der Dalai Lama erklärt immer wieder, dass wir Menschen auf allen Ebenen interdependent sind, von der sozialen bis hin zur subatomaren. Er sagt, »dass wir in völliger Abhängigkeit von anderen geboren werden und sterben und dass die Unabhängigkeit, die wir zwischen diesen beiden Ereignissen empfinden, ein Mythos ist«.[35]

9 Die Natur des Menschen

KK: Ob Mengzi, Schopenhauer, Jonas oder der Dalai Lama: Das eigene Dasein und das Da-Sein für andere und für diese Welt hätten eine klare Ethik, nämlich die, dass wir ohne unsere Um- und Mitwelt nichts sind. Dieser Gedanke der Verbundenheit spiegelt sich auch in Humboldts Position des Zugeneigten, des Bewunderers, des Liebhabers gegenüber der Mitwelt und der Mitmenschen. Diese Position nimmt heute aber kaum mehr einer ein. Warum nicht?

HL: Weil die Humboldt'sche Position etwas erfordert, das viele nicht in der Lage sind zu leben, nämlich Ambiguitätstoleranz. Ambiguität stammt vom lateinischen »ambiguitas«, zu deutsch »Doppelsinn, Zweideutigkeit«. Ich würde auch noch »Vielfalt« als Bedeutung hinzufügen.

Wir leben heute in einer Welt der Ambiguität*in*toleranz, einer Welt der radikalen Positionen. Positionen, die Eindeutigkeit fordern. Diese Positionen werden vor allem von der Ökonomie vertreten. Und da sind wir wieder beim »Mehr, immer mehr«, denn hier ist alles auf ökonomischen Nutzen ausgelegt, es geht um kaufen und verkaufen mit dem Ziel, einen möglichst hohen und möglichst schnellen Profit zu erreichen. Das ist eindeutig. Je quantitativer etwas wird, je messbarer es wird, desto eindeutiger wird es. Unsere Zeit ist auf Eindeutigkeit getrimmt.

Mit Widersprüchen zu leben, Widersprüche zuzulassen, Ambiguitätstoleranz zu üben, andere Meinungen und Menschen, etwa fremder Abstammung, zu respektieren, verschiedene Möglichkeiten zuzulassen und nebeneinander stehen zu lassen, das wäre ein natürliches, der Natur entsprechendes Verhalten. Es gibt diese tolle niederrheinische Weisheit: *leben und leben lassen*. Das wäre eine großartige Haltung, die unser Leben, unser Miteinander sehr angenehm gestalten würde. Das würde auch heißen, nicht überall Schranken und Grenzen zu setzen: Wenn du nicht genau den Kriterien entsprichst, die ich aufgestellt habe, dann bist du nicht mein Freund, dann kann ich nicht mit dir zusammen leben.

Was du im vorigen Kapitel beschrieben hast, das Mitgefühl, das Mitleid, das ist absolut gelebte Ambiguitätstoleranz. Das ist Offenheit, das heißt, hier wird Vielfalt zum Maß gemacht. Wenn wir uns aber die Welt heute anschauen, merken wir schnell: Sie verliert ihre Vielfalt an allen Ecken. Und damit meine ich nicht nur die Vielfalt der Natur, die Biodiversität, die der Mensch durch sein Handeln Tag für Tag ärmer macht. Wir haben auch Verluste in der Vielfalt der Meinungen, weil wir oft in Kommunikationsblasen hängen, in denen nur ein bestimmtes Meinungsfeld akzeptiert wird. Nicht zuletzt haben wir deswegen inzwischen einen politischen Raum, in dem sich wieder mehr und mehr Ambiguitätsintolerante, sprich Radikale, politische wie religiöse, tummeln. Diese Radikalität der Eindeutigkeit ist interessanterweise immer eine geschichtslose, zudem muss sie rein sein, rein in dem Sinne, dass sie keine Kompromisse zulässt. Alles oder nichts.

Diese Eindeutigkeit finden wir auch im Digitalen. Dieses Null-Eins – das ist die Technologie der Eindeutigkeit. Etwas Eindeutigeres als eine digital gesteuerte Maschine gibt es nicht. Überlassen wir ihr unsere Entscheidungen, wird sie absolut eindeutig entscheiden, egal ob diese Entscheidungen nach ethischen, nach moralischen Gesichtspunkten fragwürdig sind.

Schließlich die Biodiversität. Lasst viele Blumen blühen, das war einmal. Auf unseren Wiesen und Feldern blühen keine Blumen mehr, und wenn, dann nur eine Art, eine Blume, die aussieht wie die anderen tausend oder zehntausend auf diesem Feld. Auf unseren Äckern gedeiht keine Pflanzenvielfalt mehr. Dafür sorgt die industrialisierte, digitalisierte Landwirtschaft, gefördert durch eine Politik, die diese konvergente, vereinheitlichende Entwicklung mit hohen Subventionen vorantreibt.

Diesen Verlust von Divergenz, von Vielfalt in vielen Bereichen unseres Lebens sehe ich als dramatische Entwicklung, die in einen intellektuellen Dogmatismus mündet, der ausgrenzt, keine Brücken mehr baut, Möglichkeiten zum Kompromiss ausschließt. Aber die Fähigkeit, Kompromisse zu machen, einen Konsens zu erarbeiten, ist ein zentrales Merkmal menschlichen Zusammenlebens.

Und auch einer demokratischen, freiheitlichen Politik. Die ausschließliche Forderung nach Eindeutigkeit endet sowohl im Zwischenmenschlichen als auch in der Politik meist in der Krise. Die Welt ist so komplex, es gibt keine sogenannten Patentrezepte. Und Eindeutigkeit ist immer eine Art von Patentrezept.

Dem Menschen und seiner Natur entspräche eine viel größere Ambiguitätstoleranz, als sie heute gelebt wird. Der Mensch ist ein vielfältiges und widersprüchliches Lebewesen. Das ergibt sich vor allem daraus, dass er trotz aller kultureller Entwicklung ein biologisches, natürliches Wesen bleibt. Unser Verhalten hat deshalb viel damit zu tun, wie sich Primaten verhalten. Wir sehen das beim Thema Status: Wir kaufen Dinge nicht, weil wir sie brauchen, sondern weil unser Nachbar sie hat. Status bedeutet also immer, um die Ubuntu-Philosophie einmal ins Negative umzudeuten: Ich bin so, weil du so bist. Wenn du anders wärst, könnte auch ich anders sein. Ganz banal formuliert: Das Problem in der Straße ist immer der erste Porsche.

Die innere Ruhe, die Souveränität, uns von externen Faktoren, die uns antreiben und eifersüchtig oder neidisch machen, unabhängig zu machen, besitzen nur wenige Menschen. Um diese innere Souveränität zu erreichen, ist der Perspektivwechsel so wichtig: Wir müssen in der Lage sein, uns zurückzuziehen, uns selbst aus einer anderen Perspektive zu betrachten. Du musst von dir selbst *absehen*, um zu erkennen, wer du bist.

KK: Und das aus der Perspektive des Zugeneigten, des Bewunderers gegenüber der Mitwelt, der Mitmenschen und vor allem von uns selbst?

HL: Natürlich. Aber wie vielen Menschen ist es gegeben, sich liebevoll von außen zu betrachten? Und dann auch noch zu erkennen, dass sie sich gerade wieder im Mecker-Modus befinden, der sie in die nächste Krise befördert? Selbsterkenntnis steht vor allem. Nicht umsonst steht über dem Apollontempel von Delphi in Stein gemeißelt: »Gnothi seauton«, »Erkenne dich selbst«. Eine Aufforderung, die von den Philosophen des antiken Griechenlands dem Gott Apollon zugeschrieben wurde. Das ist bis heute die größte Aufgabe, die jedem Menschen gestellt ist: sich selbst zu erkennen und anzuerkennen, dass er ohne die anderen Menschen gar nichts ist.

Der Kabarettist und Schriftsteller Hanns Dieter Hüsch hat es einmal bei einem seiner Liveauftritte ungefähr so formuliert: »Am schlimmsten sind die, die glauben, vor ihnen sei nichts gewesen und nach ihnen wird nichts mehr kommen.«

Mehr im theologischen Sinne hat es Tomáš Halík in seinem wunderbaren Buch »Geduld mit Gott« formuliert.[36] Dort schreibt er, Glaube, Liebe und Hoffnung seien drei Formen der Geduld mit Gott. Aber sie seien natürlich auch drei Formen der Geduld mit Menschen. Der Mensch sei eben nicht eindeutig und jetzt. Sondern da käme noch etwas. Das ist natürlich Romantik, und damit sind wir wieder bei Humboldt. Wir haben ja den

Schriftsteller Rüdiger Safranski schon einmal zitiert mit seinem Satz: »Romantiker sind Menschen, die glauben, dass da noch was kommt.« Das bedeutet natürlich auch ein Ausgerichtetsein nach vorne. In den Worten Kierkegaards, auch ein Zeitgenosse Humboldts, hieße das: »Es ist ganz wahr, was die Philosophie sagt, dass das Leben rückwärts verstanden werden muss. Aber darüber vergisst man den andern Satz, dass vorwärts gelebt werden muß.«[37]

Egal ob Halík oder Humboldt, ob Hüsch, Safranski oder Kierkegaard – alle fordern uns Menschen etwas ab, für das wir Zeit brauchen, Zeit, sich mit uns selbst und der Welt zu beschäftigen. Männer und Frauen, die vor allem damit beschäftigt sind, sich und ihre Familien zu ernähren, haben dazu überhaupt nicht die Möglichkeit.

Interessanterweise, das hat die Forschung gezeigt, helfen sich aber gerade Menschen, die arm sind, gegenseitig mehr, leben mehr Solidarität als Reiche. Reiche, aber auch reiche Länder, haben ein erhebliches Problem mit Solidarität. In welchem reichen Land etwa ist es heute vorstellbar, eine kapitalistische Gesellschaft auf genossenschaftliche Weise zu führen? Oder alle Besitztümer in Genossenschaften zu überführen? Die Tragik der Allmende ist in der Literatur oft genug beschrieben worden, am Ende siegt doch der Egoismus. Warum? Weil egoistisches Handeln, Handeln aus einem Mangel-Gefühl, aus einem Mangel an liebevoller Sicht auf sich selbst und andere ein Handeln für Mitmensch und Mitwelt nicht zulässt.

KK: Lass uns noch einmal zurückkommen auf das Problem der Eindeutigkeit. Führt eine immerzu eindeutige Welt – um es mit Mengzi zu sagen – zur Erstarrung und Verknöcherung unseres Bewusstseins? Führt sie dazu, dass wir Gefühle für Mitmenschen und Mitwelt ausgrenzen und stattdessen immer weiter an der Kette des Seinszusammenhangs sägen, an der unser aller Leben hängt?

HL: Ja, was du sagst, trifft zumindest auf die Mehrheit des westlichen Menschen zu. Dieser hat sich mit seiner triumphalen Durchdringung der Natur mithilfe der empirischen Wissenschaften im Grunde genommen amputiert. Was will ich damit sagen? Lass es mich an einem Beispiel erklären. Jemand fordert dich auf: Male doch einmal ein Bild über einen Konflikt, der dich gerade beschäftigt. Der Konflikt berührt dich emotional und rational. Wenn du jetzt ein Bild malst, benutzt du im Gegensatz zur Sprache, die durch ihre Grammatik und Semantik rational durchsetzt ist, eine Ausdrucksweise jenseits des Rationalen. Damit begibst du dich in einen Teil deines Menschseins, der oft nicht zum Tragen kommt, aber genauso zu dir gehört wie das Rationale. Du wagst dich an etwas heran, das ebenfalls deiner Natur entspricht.

In der Psychologie gibt es zahlreiche Therapieformen, die darauf aufbauen, das wegzulassen, was wir rational durchdringen können. Stattdessen versuchen sie mithilfe verschiedener Techniken das zum Vorschein zu bringen, worum es uns *wirklich* geht. Wirklich im Sinne von zu unserer wirklichen Natur gehörend. »Wirklich« hat ja etwas mit Wirkung zu tun und deswegen mit der Frage: Was wirkt denn da in mir? Welche Erlebnisse, an die ich mich vielleicht nicht einmal mehr erinnern kann, wirken in mir? Welche Gefühle erzeugen sie, welche Bilder? Diese inneren Strömungen, die uns träumen lassen von fantastisch schönen oder auch schrecklichen Welten, sind uns im realen, rationalen Leben ferner als Sonne und Mond.

KK: Diesen Teil von uns haben wir, wie du zuvor gesagt hast, mit den empirischen Wissenschaften und unserem rationalen Denken amputiert und damit einen fundamentalen Teil unserer Natur aufgegeben. Erinnern wir uns an Mengzi, für den es entscheidend ist, dass der Mensch seine eigentliche Natur nicht aufgibt, da er sonst auch seine Moral aufgibt. Vielleicht ist es gerade deswegen so bedeutend, diesen verdrängten Anteil in uns wiederzuerwecken – um ein moralisches Handeln zu ermöglichen, mit dem wir den Fortbestand der Menschheit sichern.

HL: Lass uns aber noch einmal beim Rationalen bleiben. Denn klar ist auch, dass die totale Konzentration auf das Rationale nicht rational ist, sie ist irrational, geradezu wahnsinnig. Es ist hochgradig irrational, wie weit wir unser Leben inzwischen rationalisiert haben. Das geht so weit, dass wir irrationale Thesen – Stichwort ewiges Wachstum – sogar zum Wissenschaftsinhalt machen. Dabei wissen wir alle: Das kann nicht sein, das kann nicht gut gehen. Und wir alle wissen auch, dass wir in der Situation, in der wir sind – Klimawandel, Verschmutzung der Ozeane, Verbrauch von Ressourcen –, so nicht weitermachen können. Aber wir rationalisieren unser Verhalten und machen einfach weiter. Wir halten nicht inne, um keinen Preis.

Daran sieht man, und jetzt bin ich wieder bei meiner zentralen These: Wir Menschen brauchen Zeit. Wir brauchen die praktische Möglichkeit, uns mit uns selbst auseinandersetzen zu können. Wenn wir immerzu von uns selbst abgelenkt werden, und das passiert ja heute im Überfluss und bis zum Überdruss, dann werden wir nie zu uns finden.

Ich glaube nicht, dass wir die Frage nach der Natur des Menschen wirklich abschließend beantworten können. Aber zu der Frage, wie wir in Zukunft miteinander umgehen, wäre ein entspannter Umgang mit der Zeit die Conditio sine qua non. Das hätte sowohl ökologische Auswirkungen als auch Auswirkungen für jeden Einzelnen in Bezug auf sich selbst und insbesondere in Bezug auf die Interaktion mit anderen. Wenn wir es nicht schaffen, Zeit zu haben, einfach einmal nichts zu tun, einfach einmal zehn Minuten am Tag irgendwo zu sitzen und sonst nichts, gar nichts zu tun, dann werden wir den Weg zu uns selbst, zu unserer Natur nicht wiederfinden.

Die enorme Vergrößerung von Kommunikationsmöglichkeiten macht es immer weniger möglich, sich zurückzuziehen, einfach bei sich zu sein. Ich glaube, Mengzi und die meisten anderen großen Denker und Philosophen sind im Grunde genommen Mönche. Und im Grunde genommen sprechen sie davon, dass alle Menschen einen *Mönchanteil* brauchen, sprich, wir brauchen Zeit und Raum, eine Kammer, einen Ort, an den wir uns zurückziehen können, an dem wir einfach bei uns sind, an dem wir Frieden finden.

Es geht um Frieden, es geht darum, inneren Frieden zu finden. Dann kommen wir auch an unsere Energie, an diese Fülle, die uns Kraft gibt, aktiv zu sein. Das gelungene Wechselspiel zwischen Ruhe und Aktion, zwischen Sympathikus und Parasympathikus, das ist ein natürliches Prinzip. Heute hat sich der Mensch jedoch so vollkommen der ständigen Anregung verschrieben, dass er nicht zur Ruhe kommt, körperlich wie geistig. Der Mensch ist überfordert, wir sind überfordert, und wir haben diesen Zustand auch noch selbst herbeigeführt.

KK: Denkst du an so etwas wie Meditation?

HL: Nenne es Meditation, Gebet oder einfach mit dir selbst sein. Meditation ist da eine von vielen Praktiken, einen friedlichen Rückzug in sich selbst zu erlernen. Ich glaube, es wäre ein großer Fortschritt für unsere Gesellschaft, wenn Kinder bereits im ersten Schuljahr lernen zu meditieren. Nicht alle werden es weiter praktizieren, aber sicher viele, weil sie feststellen: Oh, das tut mir gut. Und wer weiß, wie viele Krisen und Unheil verhindert werden könnten – einfach, weil sich jemand hinsetzt und dem inneren Faden in die Tiefe des eigenen Seins folgt und erkennt: Diesen Gedanken der Vergeltung, dieses

Gefühl des Verletztseins, das kenne ich, aber ich lasse diese Gefühle an mir vorbeiziehen, sie sind da, aber ich werde ihnen nicht folgen, weil sie keine Macht über mich haben. Ein innerer Friede entsteht, und mit ihm die Erkenntnis: So wie du bist, bist du gut. Mit diesem inneren Frieden lässt sich auch Ambiguitätstoleranz leichter leben, und wir fangen an, anderen Menschen einen Vertrauensvorschuss zu geben, anstatt wie zuvor – so wie in unserer Gesellschaft üblich – Misstrauensmanagement auszuüben. Wir müssen dringend eine Vertrauenskultur aufbauen, uns selbst und anderen Menschen freundlich und offen begegnen und damit im Sinne von Hans Jonas echtes gedeihliches Zusammenleben praktizieren, Mensch unter Menschen sein. Fürchtet euch nicht, so steht es doch auch in der Bibel.

10 Vorstellung

KK: Wir handeln in unserem Leben nach bestimmten inneren Vorstellungen, Ideen, Werten und Urteilen, die durch unser unmittelbares Umfeld, aber auch durch die Gesellschaft, in der wir leben, geprägt werden. Das führt zu einem Dschungel aus Vorstellungen, durch den wir uns Tag für Tag unseren Weg bahnen. Eine sehr dominante Vorstellung in diesem Dschungel, zumindest für uns Menschen der westlichen Welt, ist die Vorstellung des »Mehr, immer mehr«. Wir haben schon öfter thematisiert, dass sie uns unweigerlich auf einen Abgrund zuführt, nämlich hin zur Zerstörung der Welt, in der wir leben, die uns gegeben ist. Müssen wir also dringend auch unsere inneren Vorstellungen ändern, um noch rechtzeitig den Weg in eine gedeihlichere Zukunft einschlagen zu können?

HL: Der Mensch ist stark und einzigartig in der Fähigkeit der inneren Geschichtenschreibung, der Vorstellungskraft. Unsere Vorstellungsräume sind Räume unserer Denk- und Handlungsmöglichkeiten. Natürlich ist das Haus der Vorstellungen viel, viel größer als das der möglichen Handlungen, der Realität. Ich kann mir etwa fliegende Elefanten vorstellen, aber ich weiß: Wenn es sie einmal gegeben haben sollte, sind sie alle abgestürzt, ihre Art ist ausgestorben.

Die Kraft der Vorstellungen ist unglaublich groß, im negativen wie im positiven Sinne. Sie betrifft nicht nur jeden einzelnen Menschen, sondern auch Gemeinschaften, kleine wie große, auch ganze Staaten und Staatenverbünde. In der gegenwärtigen Lage muss es uns gelingen, als Land – Deutschland – eine Vorstellung davon zu kreieren, wie wir in zehn Jahren leben wollen. Was stellen wir uns vor? Was wäre gut? Wie müsste die beste Version unseres Landes aussehen? Sollen dort immer noch so viele Autos auf den Straßen fahren beziehungsweise im Stau stehen? Überdüngen wir weiter unsere Felder, ignorieren wir weiter die sozialen Ungleichheiten und die vielen anderen krisenhaften Phänomene, die wir bisher schon ausgemacht haben?

Nein, natürlich nicht. Denn wir stellen uns vor, dass wir alle den Willen, die gemeinsame Bereitschaft haben, diese uns bekannten Probleme in den kommenden zehn Jahren zu lösen. Wenn wir aber die gegenwärtige Situation nicht als Krise wahrnehmen oder sie ignorieren, dann sagen wir: Es soll alles so bleiben, wie es ist. Dann sind wir an Veränderungen nicht interessiert, außer daran, dass unser nächstes Auto größer ist als das, was wir heute fahren. Da lauert dann der Abgrund, von dem du vorher gesprochen hast.

KK: Albert Einstein hat gesagt: »Fantasie ist wichtiger als Wissen, denn Wissen ist begrenzt.«[38] Wann ist Fantasie,

Imagination, Vorstellung eine Kraft, eine schöpferische Energie, eine Inspiration, die Veränderung herbeiführen kann? Und wann wird sie zu einem beengenden Gefängnis, zu einer Einbahnstraße, einer Sackgasse?

HL: Vorstellung im Sinne von Imagination, von Inspiration, von Fantasie braucht vor allem wieder einmal eines: Zeit. Weil das menschliche Gehirn auf verschiedenen Ebenen arbeitet. Wenn du nämlich eine Frage nach einer Vorstellung, nach einer Imagination an dein Gehirn schickst, dann schickst du diese Frage auch an Teile deines kognitiven Apparates, die du nicht beeinflussen kannst. Wenn du Glück hast und du mit diesen Teilen in engem Kontakt bist, liefern sie dir das, was du eigentlich haben möchtest. Und dann fragen wir uns voller Überraschung und Verwunderung: Mein Gott, wie bin ich nur auf diese Wahnsinnsidee gekommen?

Wichtig für solche Momente ist neben Zeit natürlich auch Offenheit. Dass wir einfach mal nur zum Spaß den Gedanken, den Vorstellungen freien Lauf lassen, einfach assoziieren, Blödsinn und Unsinn und Unmögliches in der Vorstellung nebeneinander stehen lassen, ohne es zu bewerten, ohne es nach Sinn oder Machbarkeit einzuordnen. Dann taucht aus diesem Meer von Blödsinn vielleicht plötzlich etwas auf, von dem wir sagen: Das ist interessant, wie bin ich nur auf diese Idee gekommen?

Entscheidend ist: Diese Idee, diesen Gedanken haben wir nur, weil wir uns erlauben, uns die Freiheit zugestehen, unser rein rationales Denken zu verlassen und einfach irgendwelchen scheinbar blödsinnigen Assoziationsketten zu folgen, wie Hermann Hesse es in einem Brief an Peter Suhrkamp getan hat:

Die Woge wogt, es wallt die Quelle,
Es wallt die Qualle in der Welle,
Wir aber wallen durch die Welt,
Weil nur das Wallen uns gefällt.
Wir tuns nicht, weil wir wallen sollen,
Wir tun es, weil wir wallen wollen.
Wer nur der Tugend willen wallt,
Kennt nicht des Wallens Allgewalt.
Sie wallt und waltet über allen,
Die nur des Wallens willen wallen.[39]

Für Poeten, Maler und viele andere Künstler ist diese Imaginationsfähigkeit, diese mögliche Inspirationsquelle von großer Bedeutung. Neben dem reinen Handwerk, also dem Schreiben, Malen oder Musizieren, geht es in der Kunst natürlich um neue Ideen, um Inspiration, die eine Künstlerin oder ein Künstler braucht, sei es für ein Theaterstück, ein Bild oder eine Komposition.

Die unbewussten Anteile in sich hochzuholen, zu zeichnen, zu malen, zu schreiben oder zu musizieren, und das auszudrücken, was im Inneren wirkt, das ist interessanterweise originär menschlich.

Wir haben also Zugriffe auf die Wirklichkeit, die ganz anders sind als die Zugriffe durch die empirischen Wissenschaften, wo mit Messinstrumenten eine Wirklichkeit definiert wird, die dann als die wirkliche Wirklichkeit ausgegeben wird. Nur das, was gemessen werden kann, ist auch wirklich. Das ist natürlich völliger Blödsinn. Diese Art von Szientismus, die Auffassung, dass sich mit empirischen Methoden alle sinnvollen Fragen beantworten lassen, ist aberwitzig.

Genauso aberwitzig ist, wie eng die moderne Philosophie am Kausalitätsbegriff hängt. Ein Physiker käme nie auf den Gedanken zu sagen, dass die Welt kausal geschlossen ist. Die Philosophen aber behaupten, die Physiker würden genau das tun. Ein Beispiel ist das Bieri-Trilemma, die Leib-Seele-Debatte. Die wird zum Problem, wenn wir die Welt kausal schließen und damit wieder einmal Eindeutigkeit postulieren. Wenn wir die Sicht auf diese Frage offenlassen, gibt es kein Problem mehr. Und siebzig Kilometer philosophische Fachliteratur würden schlagartig verschwinden.

Vorstellung und Imagination, das sich Hineindenken in Welten, die es gar nicht gibt, die es gar nicht geben kann, sind ein großer Schatz, über den wir verfügen. Viele der großen Strukturwissenschaften, Philosophie und Mathematik zum Beispiel, beschäftigen sich mit Strukturen, die nicht existieren, seien es metaphysische oder mathematische. Dass es uns möglich ist, uns in solche Welten hineinzudenken, ermöglicht uns auch, zurückzublicken auf die Welt, in der wir leben. Und dieser Blick hilft uns, die Begrenztheit, aber auch die Besonderheit unserer Welt zu erkennen. Die Vorstellungsreisen in beliebig viele Dimensionen und dann wieder zurück in unsere Dreidimensionalität machen wahre Erkenntnissprünge möglich.

Vorstellungen, Ideen können sich aber auch derart verfestigen, dass, wie du vorhin sagtest, Vorstellungs-Sackgassen entstehen. Das kann zu radikalen Bildern und radikalen Lösungen führen. Beispiele sind religiöse oder politische Fanatiker. Aber auch Vorstellungen, die durch Ängste oder traumatische Erlebnisse ausgelöst werden, machen Menschen blind für eine Welt der Vielfalt. Alkohol- und Drogensucht, Neurosen und Psychosen sind Konsequenzen eines Vorstellungsdefizits. Hier lebt der Mensch in einer festgefahrenen, festgebrannten Vorstellung und ist oft auch auf ganz tiefer Ebene nicht mehr erreichbar für andere Vorstellungswelten.

Die Imaginationsfähigkeit, sich etwas vorstellen zu können, ist eine Grundvoraussetzung des Menschseins und stattet uns mit einer schier endlosen Schöpferkraft aus. Fangen wir also an, uns eine gerechte, ökologisch verträgliche Welt vorzustellen. Nutzen wir unsere ganze Fantasie und Imagination, um zukunftstaugliche Lebenswelten zu entwickeln. Werfen wir unsere alten Vorstellungen von »mehr, immer mehr« in den Mülleimer, bevor wir unseren gesamten Planeten vermüllen. Stellen wir uns eine Welt vor, in der es genug gibt für alle, in der wir unseren Mitmenschen und der Mitwelt mit Respekt und Würde begegnen. Stellen wir uns eine Welt ohne Waffen und ohne Krieg vor. Und sollte uns jemand dafür belächeln, sagen wir ihm mit den Worten von Ilija Trojanow, wie fantasielos, wie billig und einfach es ist, alles mit einer

Prise Lächerlichkeit zu bestäuben. Das zeugt von Fantasie-losigkeit und Vorstellungsarmut.

Und lassen wir uns unsere Vorstellungen und Ideen über eine zukunftstaugliche Welt nicht von rationalistischen, vorstellungsarmen Politikern nehmen. Viele Politiker haben keine Offenheit mehr, sie lassen sich weitestgehend vom Sachzwang leiten, in vier Jahren wiedergewählt zu werden. Das erzeugt natürlich einen unglaublichen Anpassungsdruck, der bis hinein in Sprache und Denken wirkt und beides verkümmern lässt.

Auch deswegen wäre es so wichtig, dass Regierende immer wieder Perspektivwechsel vornehmen, dass zum Beispiel ein Gesundheitsminister vier Wochen als Pfleger in einem Krankenhaus arbeitet, dass ein Verkehrsminister bei der Autobahnpolizei mitfährt. So könnten die Politiker erfahren, von welchen Wirklichkeitsräumen sie eigentlich sprechen. Aber mein Eindruck ist, dass Berlin mehr und mehr zu einem Treibhaus wird, in dem Politiker und Lobbyisten ihre von der Wirklichkeit fernen Vorstellungen unter Ausschluss der Außenwelt züchten. Sie wissen immer weniger von dem Land, das sie regieren.

Greifen wir also nicht ins Leere, fassen wir den Kairos beim Schopf, denn der einzige Grund, warum die Welt so ist, wie sie heute ist, ist unsere Vorstellung. Und eine andere Welt wird nur mit einer anderen Vorstellung möglich.

11 Erkenntnis im Miteinander

KK: Eine andere Welt ist der Mond. Unter dem Einsatz von viel Energie, extrem viel Energie, ist es gelungen, Menschen zum rund 400 000 Kilometer entfernten Erdtrabanten zu bringen. Vor etwas mehr als 50 Jahren, am 21. Juli 1969, hinterließ Neil Armstrong als erster Mensch einen Fußabdruck im Staub der Mondoberfläche: »Das ist ein kleiner Schritt für einen Menschen, aber ein großer Sprung für die Menschheit.«

Auf die damit verbundene Vision folgt aber schnell die Ernüchterung. Nur drei Wochen später sagt Armstrong: »Ich hatte die Hoffnung, dass eine erfolgreiche Mondlandung den Menschen auf der ganzen Welt vermitteln würde, dass unmögliche Ziele erreichbar sind, dass es echte Hoffnung auf eine Lösung der Probleme der Menschheit gibt ...«[40]

Norman Mailer kommt in seinem Buch »MoonFire«, in dem er die Apollo-11-Mission auf einmalige Weise beschreibt, zu der Einsicht, dass wir Menschen zum Untergang verurteilt sind, es sei denn, wir schaffen es irgendwie wieder, uns das Beste abzuverlangen, so wie wir es für den Flug zum Mond getan haben.

»Mailer stellte fest«, schreibt Colum McCann in seinem

Vorwort, »wie die brillantesten Geister seiner Generation zerstört wurden. Er hat das überwältigende Gefühl, dass diese Menschen – seine Generation, die Menschen, für die sein Herz schlägt – ihre Schönheit weggeworfen haben. Sie haben sich vom Amerika der Konzerne an den Rand drängen lassen. Während sie ihre Wasserpfeifen gestopft und ihre BHs verbrannt haben, ist die Fantasie der Wirtschaftsleute vorausgeeilt …«[41]

Wir haben als Menschen den ersten Schritt auf dem Mond gemacht und nicht erkannt, dass wir uns hier unten auf der Erde von einem Gefühl für unser Leben auf unserer Erde verabschiedet haben: »Die Menschen haben ihre Schönheit weggeworfen.«

HL: In diesen Worten Mailers hallen unüberhörbar die finsteren Visionen Humboldts wider. Dessen Forschungsreise nach Südamerika, wo er Augenzeuge der Sklaverei und der rücksichtslosen Zerstörung der Natur durch die spanischen Kolonialherren wurde, ließ ihn an der Moral, an der Natur des Menschen zweifeln. Und sollten die Menschen irgendwann in ferner Zukunft einmal in der Lage sein, zu fernen Planeten zu reisen, dann, so Humboldt, würden sie ihr bösartiges Wesen aus Gier, Arroganz und Gewalt dort genauso ausleben und diese Planeten so zerstören, wie sie es mit der Erde tun.

KK: Norman Mailer kommt in seinem Buch zu der Auffassung, »dass der Mensch einfach Weltraumforschung betreiben muss, denn die Technologie hat den modernen

Geist schon so weit durchdrungen, dass Reisen in den Weltraum die letzte Möglichkeit bieten, die metaphysischen Abgründe dieser Welt der Technik auszuloten, welche die Poren des modernen Bewusstseins verstopft – ja, wir Menschen müssen so lange hinaus in den Weltraum, bis die Ausmaße und Geheimnisse einer neuen Entdeckung uns dazu zwingen, dass wir die Welt wieder als Poeten verstehen, als Primitive, die genau wissen: Wenn das Universum ein Schloss ist, dann ist der Schlüssel dazu die Metapher und nicht das berechenbare Maß.«[42]

Heute hat die Technologie mit der zunehmenden Digitalisierung und deren Folgeerscheinungen die Poren unseres Bewusstseins noch weiter verstopft, jedes Byte mehr führt zu einer weiteren Verstopfung unseres Bewusstseins, zu einer weiteren Entfremdung von unserer Natur.

Aber reicht es aus, lediglich Technologie und, wie Mailer beschreibt, Kapitalismus zur Rechenschaft zu ziehen? Was, wenn wir in Zukunft mutig und mit dem Herzen für Mitmenschen und die Mitwelt handeln? Die Verteidigung der Menschlichkeit und der *Natürlichkeit* liegt in der Verantwortung jedes Einzelnen: weg von der puren Funktionalität und Effizienz, hin zu einer Wahrnehmung des Seins, die das menschliche Leben als Ganzheit aus Ratio und Gefühl begreift. Schaffen wir den Raum, den es dafür braucht. Suchen wir nach der Metapher, hören wir auf, die Natur zu ökonomisieren. Hören wir auf, uns wie Räuber und Mörder zu benehmen, die mit ihren kriminellen Machenschaften die Lebensgrundlagen der Zukunft ihrer Kinder zerstören. Die Zeit ist da für ein neues Werteverständnis, für ein Erkennen der Metaphern.

Schon im 8. Jahrhundert schreibt der chinesische Dichter Du Fu, dass einem Baum weder »durch dessen Nutzen für den Menschen noch durch dessen Vermessung Wert verliehen wird, sondern allein durch die ihm immanente Natur:

Haben der Herrscher und seine Minister
das Zeitliche längst auch gesegnet,
wird dem Baum von den Menschen noch immer
mit Liebe und Ehrfurcht begegnet.[43]

HL: 2019, zum 250. Geburtstag von Alexander von Humboldt, wurde der UN-Bericht zum Zustand der Artenvielfalt vom Weltbiodiversitätsrat veröffentlicht. Der globale Bericht über den Zustand der Artenvielfalt ist das Ergebnis einer dreijährigen Arbeit von mehr als 140 Wissenschaftlern aus 50 Ländern, die Tausende Studien ausgewertet und zusammengeführt haben. In dem Bericht, der Humboldts Befürchtungen nicht nur bestätigt, sondern bei Weitem übertrifft, heißt es unter anderem: »Die globale Rate des Artensterbens ist mindestens um den Faktor zehn bis Hunderte Male höher als im Durchschnitt der vergangenen zehn Millionen Jahre, und sie wächst.«[44]

Der Mensch verursacht gerade das sechste große Massenaussterben auf diesem Planeten. Von den geschätzt acht Millionen Tier- und Pflanzenarten weltweit sind eine Million Arten, darunter Arten, die wir gerade erst entdeckt haben oder die wir noch gar nicht kennen, in den kommenden Jahren vom Aussterben bedroht. Das heißt, im Durchschnitt sterben zurzeit jeden Tag, alle 24 Stunden, 130 Tier- und Pflanzenarten aus. Drei Viertel der natürlichen Biotope auf dem Land und zwei Drittel der natürlichen Biotope in den Meeren sind vom Menschen bereits erheblich verändert worden. Insekten sterben ebenso wie Korallenriffe, Wälder werden weiter gerodet, Meere verschmutzt, Luft und Böden vergiftet. Die Lebensgrundlage von Millionen Tier- und Pflanzenarten ist ebenso gefährdet wie die von Hunderten Millionen Menschen. Der Mensch mit seiner Gier und seinem Glauben an ein ewiges und alternativloses weltweites Wirtschaftswachstum ist ein Impaktor mit hohem Zerstörungspotenzial.

Warum fällt es uns so schwer, uns der Schönheit der Erde zu erinnern, auf den Herzschlag im Inneren der Erde zu horchen, auf unseren Herzschlag zu horchen, die Naturgeschichte der Erde als die unsere zu begreifen und zu würdigen? Unser Umgang mit der Natur wird im 21. Jahrhundert zu einer Frage des Überlebens für die Menschheit. Keiner kann mehr sagen: Ich habe es nicht gewusst.

KK: Wir haben die Landung auf dem Mond nur möglich gemacht, weil wir, wie Mailer schreibt, unser Bestes gegeben haben. Das wird wieder nötig sein, wenn wir weiter auf der Erde leben wollen. Was ist dieses Beste, das Mailer fordert?

HL: Es ist uns doch klar: Wenn wir in der besten aller Welten leben wollen, dann müssen wir uns unseren Mitmenschen und den Dingen, die uns interessieren, ganz zuwenden, sie aus der Position des Zugeneigten behandeln. Wir müssen freundlich und großzügig sein. Ich träume davon, auf Menschen zu treffen, die mir etwas erzählen und die zuhören, was ich selbst zu erzählen habe. Einen offenen und unvoreingenommenen Dialog zu führen. Im Miteinander lebendig zu sein. Diese Art von Lebendigkeit entsteht nur dann, wenn der andere auch *da* ist.

Durch diese Art von Dialog, diese Kommunikation entsteht weitere Energie: Es wird gelacht, man macht Dinge zusammen, der eine hilft dem anderen. Es sind diese eigentlich fast banalen Dinge, die uns am Ende eines Tages das Gefühl geben: Das war ein guter Tag heute. Vielleicht kennen wir solch ein Gefühl aus unserer Kindheit: Wir haben den ganzen Tag draußen gespielt, zu Hause am Abendbrottisch erzählen wir aufgeregt unseren Eltern, was wir erlebt haben. Und dann sind wir müde, aber voller Begeisterung vom Tag und voller Neugier und Energie auf den kommenden Tag eingeschlafen. Ja, so müsste das Leben sein.

Stellen wir uns vor, wir würden vorsichtig und großzügig nicht nur mit uns, sondern auch mit unseren Mitmenschen umgehen, wir wären friedlich – Schalom, sich Frieden wünschen in jeder Hinsicht, seelischen wie körperlichen Frieden. Das wäre von einer Schönheit, dass es fast nicht auszuhalten wäre. Aber wir scheitern daran, diese Schönheit herbeizuführen. Und wer weiß, vielleicht können wir Menschen diese Schönheit gar nicht aushalten.

Aber so würden wir doch eigentlich gerne leben: Einen erfüllten Tag haben und abends sehen, was wir vollbracht haben. Das darf ruhig anstrengend sein, und wir dürfen abends auch gerne merken, dass wir gearbeitet haben. Aber wir sollten auch sehen, was wir getan haben. Du kennst ja eines meiner Lieblingsworte: Feierabend! Das bedeutet, am Abend zusammenzusitzen und zu feiern, was wir mit dem Tag und was der Tag mit uns gemacht hat. Diese Rituale des Abschließens, des Zurückschauens sind unverzichtbar, denn aus ihnen ergibt sich Energie, die wir für den nächsten Tag, für unsere Pläne, Projekte und Arbeiten brauchen.

KK: Aber beim Pläneschmieden immer die alte Weisheit beachten: Willst du die Götter zum Lachen bringen, erzähl ihnen von deinen Plänen.

HL: Unbedingt, denn es passieren natürlich immer irgendwelche Dinge, die nicht vorhersehbar sind. Aber damit müssen wir klarkommen und hoffen, dass wir es trotzdem schaffen. Und selbst wenn wir etwas nicht schaffen, sollte es auch gut sein. Diese Art von Lebendigkeit und Großzügigkeit stelle ich mir als ein Ideal vor.

Für die Momente, in denen es nicht so läuft, wie man es sich vorgestellt hat, gibt es eine wunderbare Anekdote von Papst Johannes XXIII., der wegen seiner Bescheidenheit und Volksnähe »il Papa buono«, »der gute Papst«, genannt wurde. Die Anekdote ist nicht verbürgt, trifft aber den Punkt: Ein junger Bischof wandte sich kurz nach seiner Weihe an den Papst und sagt: »Eure Heiligkeit, ich bitte Euch um Rat. Seitdem ich Bischof bin, höre ich die vielen Sorgen und Nöte der Schäfchen, die mir anvertraut sind, wälze mich in der Nacht hin und her und weiß nicht, wo ich anfangen soll. Ich finde einfach keinen Schlaf mehr.« Daraufhin lächelt der Papst und sagt: »Mein Sohn, als ich zum Papst gewählt wurde, ging es mir am Anfang genau wie dir. Eine Zeitlang konnte ich überhaupt nicht mehr schlafen, weil alle Rat und Hilfe und Segen von mir wollten. Ich wusste weder ein noch aus. Als ich dann doch einmal eingenickt bin, erschien mir im Traum ein Engel, und ich erzählte ihm von meiner Not. Daraufhin sagte der Engel: Giovanni, nimm dich nicht so wichtig. Seitdem kann ich wunderbar schlafen.«

Erkennen wir an, dass wir nicht die ganze Welt auf einmal retten können, dass wir Stück für Stück vorgehen müssen, und schon gar nicht alleine, sondern nur mit anderen zusammen. Natürlich stellt uns das vor Herausforderungen: Zwei können sich gegenseitig korrigieren, bei dreien wird es schon schwieriger, wenn zwei eine andere Meinung als der Dritte haben. Aber diese Art des Zusammenseins ist die große Aufgabe und die große Chance. Deswegen gilt es, all unsere Kraft hereinzugeben, mit Menschen zusammenzuleben und nicht mit Maschinen.

KK: Genau darum geht es gerade heute, wo wir uns immer mehr auf Maschinen, Algorithmen, Computer und KI verlassen. Tödliche Unfälle mit selbstfahrenden Autos sind nur eine aufschreckende Warnung unter vielen vor einem Zeitalter, in dem Maschinen auf Grundlage von Algorithmen über Leben und Tod entscheiden.

HL: Mit zunehmender Technologisierung und Digitalisierung unserer Arbeits- und Lebenswelt verlieren wir immer mehr von dem, wie wir sein könnten, nämlich Mensch unter Menschen zu sein. Je perfekter, je komplexer, je schneller die Maschinen, Algorithmen und Roboter werden, desto mehr wird der Mensch zum Mängelwesen, der Zugang zu seiner inneren Natur verstopft immer stärker, und am Ende dann fällt er ganz aus.

Wir dürfen nicht vergessen: Wir sind wahrnehmende Wesen, während noch so intelligente Computer bloße Signalverarbeitungsmaschinen sind. Sie nehmen nicht wahr. Viele Stimmen warnen vor den Dynamiken der Digitalisierung. So auch Dirk Messner, Direktor des Institute for Environment and Human Security an der Universität der Vereinten Nationen und seit 2013 Vorsitzender des Wissenschaftlichen Beirats der Bundesregierung Globale Umweltveränderungen: »Es gilt, einen digitalen Totalitarismus zu verhindern, also staatliche Überwachung und die Einschränkung der Privatsphäre, auch durch Digitalunternehmen.«[45]

Kaum bedacht wird auch, ob die neuen Technologien so eingesetzt werden, dass sie das Öko- und Klimasystem schützen und weltweit den sozialen Zusammenhalt fördern – oder genau das Gegenteil bewirken. Ohne entsprechende ethische und politische Rahmenbedingungen wird der digitale Wandel die Gesellschaft weiter spalten und das Ökosystem Erde weiter und immer schneller zerstören.

Die Frage ist: Wie können wir diese epochale, rasend schnelle Entwicklung so steuern, so in den Griff bekommen, dass wir unser Menschsein nicht verlieren? Das ist aus meiner Sicht eine der größten, auch intellektuellen Herausforderungen der Gegenwart überhaupt.

KK: Das heißt aber auch: Bevor wir uns den Problemen zuwenden, müssen wir uns erst einmal über unser Menschsein klar werden. Wie können wir das schaffen? Wenn wir davon ausgehen, dass wir wieder Zugang zu unseren Gefühlen, zu unserem irrationalen Anteil finden müssen, kann dies sicher nicht über das Denken geschehen. Unsere Verbundenheit mit der Natur, dass wir Teil des Großen, des Ganzen der Natur sind – all das, was wir in unserem irrsinnigen Rationalismus, wie du gesagt hast, vernachlässigen –, könnte ein Weg zum Gefühl sein. Es gilt also, den »alten Bund«, wie Humboldt es nannte, zwischen Mensch und Natur neu einzugehen.

HL: Da fällt mir Goethe ein. Er spricht in seinem Werk »Winkelmann und sein Jahrhundert« über das Verhältnis von Mensch und Natur so:

»Wenn die gesunde Natur des Menschen als ein Ganzes wirkt, wenn er sich in der Welt als in einem großen, schönen, würdigen und werten Ganzen fühlt, wenn das harmonische Behagen ihm ein reines, freies Entzücken gewährt, dann würde das Weltall, wenn es sich selbst empfinden könnte, als an sein Ziel gelangt aufjauchzen und den Gipfel des eigenen Werdens und Wesens bewundern. Denn wozu dient alle der Aufwand von Sonnen und Planeten und Monden, von Sternen und Milchstraßen, von Kometen und Nebelflecken, von gewordenen und werdenden Welten, wenn sich nicht zuletzt ein glücklicher Mensch unbewusst seines Daseins erfreut.«[46]

Humboldt und Goethe waren enge Freunde nicht nur im Geiste. Und in diesen Worten Goethes hört man Humboldt sprechen.

Wissen wir, woher wir kommen? Sind wir uns bewusst, dass die eigene Existenz reiner Zufall ist? Wenn ja, sollte uns auch klar sein, dass es ein Riesengeschenk ist, leben zu dürfen, mit anderen leben zu dürfen. Dankbarkeit und Demut sind hier die Stichworte. Und die sind jeder Art von Arroganz und Hybris gegenläufig. Führen wir uns auf wie ein Elefant im Porzellanladen oder erkennen wir die Rolle und Bedeutung unserer Mitmenschen an und treten zurück, sind rücksichtsvoll und großzügig in jeder Hinsicht? Letzteres ist Nächstenliebe, wie sie schon in der Bibel eingefordert wird. Der Mensch tritt zurück, auch für sich selbst, ist nicht pausenlos der Meinung, er muss an der Spitze stehen, oder, um es mit Kafka zu sagen: Es gibt keinen vernünftigen Grund auf der Welt, in einem Wettrennen der Erste sein zu wollen.

In diesem Sinne ist die Auseinandersetzung mit der Natur ein ganz besonderer Anspruch an unsere Bescheidenheitsfähigkeit, an unsere Demut. Denn die Natur ist absolut, man kann nicht mit ihr verhandeln, sie gibt uns nicht einmal die Möglichkeit, mit ihr zu reden. Es ist an uns, einen neuen Zugang zur Natur, zur Schöpfung zu finden. Dieser Zugang aber ist den meisten von uns versperrt.

KK: Und wo siehst du den Schlüssel zu einem Zugang zur Natur, zur Schöpfung?

HL: Es reicht schon, wenn wir uns Zeit nehmen, uns auf eine Bank setzen und die Natur, die Welt um uns herum entspannt betrachten. Plötzlich sehen wir Dinge, die wir sonst nie gesehen haben.

Es passiert ja schon ein Wunder der Wahrnehmung, wenn wir den Weg, den wir Tag für Tag mit dem Auto zurücklegen, einmal zu Fuß gehen. Die Sicht auf die Dinge ändert sich, die Wirkung, die Begegnung mit der Welt. Stell dir vor, eine ganze Gesellschaft würde anfangen zu Fuß zu gehen, sie hätte nicht mehr dieses Tempo, sondern würde insgesamt abbremsen. Die Menschen würden sich wieder direkter begegnen, wieder zusammensitzen, das Leben mehr feiern. Deutschland geht zu Fuß. Einen Tag im Monat. Pedestrians for Future. Es ist eigentlich so einfach.

Wir sehen: Technologie und Wissen alleine helfen nicht. Wir müssen im Menschen ein Mitgefühl für die

Mitwelt und den Mitmenschen wecken. Die Transformation gelingt nur miteinander, nicht gegeneinander.

Die Länder, die über wissenschaftliche Traditionen verfügen, die es ermöglicht hätten, sich neu über das Verhältnis zwischen Emotion und Ratio, zwischen Erkenntnis und Gefühl zu verständigen, haben total versagt. Wir in der sogenannten Ersten Welt haben weder Zukunftsmodelle für uns noch für die Länder der Dritten Welt entwickelt. Von den Menschen der Länder, die wir über Hunderte von Jahren ausgebeutet haben, erwarten wir jetzt radikales Einhalten, obwohl wir selbst alles andere getan haben, als uns zurückzunehmen. Wir haben nicht nur unseren Kindern, sondern auch den Menschen der Dritten Welt die Spielräume genommen, um ihre Visionen und Träume, um ihre Neugier, ihr Ausprobieren-Wollen leben zu können. Aber es geht genau um das Gegenteil: Es geht darum, Spielräume zu schaffen, wir müssen Utopien statt Dystopien schaffen.

KK: Wenn wir wieder fühlen, wenn wir uns wieder wundern können, wenn wir offen und aufgeschlossen sind, werden wir weniger urteilen und verurteilen, werden wir mehr teilen, mehr Teilhabe und Miteinander leben und erleben. So erschaffen wir unseren Moment, unseren Tag, unser Heute, unser Morgen, unser Leben, eine zukunftstaugliche Welt.

12 Energie

KK: Um zu leben, um etwas Neues zu schaffen, eine Transformation zu initiieren, braucht es vor allem Energie. Eine der interessantesten Beschreibungen von Energie habe ich in Norman Mailers »MoonFire« gelesen: »Ihre wahre Natur muss das größte Mysterium unter den beharrlich jeder Lösung trotzenden Geheimnissen der Physik sein – ist sie die Währung des Universums oder ein Helfer der Schöpfung? Das eigentliche Material, aus dem das Leben gemacht ist, oder nur ein Treibstoff? … Die Angeln der Metaphysik drehen sich um die Tatsache …, dass sie den Kreislauf der Natur antreibt und dem Menschen auf ganz menschliche Weise vertraut ist und dass sie dennoch unerfassbar bleibt.«[47]

Energie, ein Lebensstrom, der uns und alles durchbebt? Du als Physiker, was würdest du sagen: Alles Quatsch, Energie ist gleich Masse mal Lichtgeschwindigkeit zum Quadrat, also $E=mc^2$, fertig und Licht aus?

HL: Das ist natürlich völlig korrekt, was Norman Mailer da schreibt: Es braucht Energie, um Arbeit leisten zu können. Aber nicht die Energie selbst ist entscheidend, sondern die Energieunterschiede. Wenn alles die gleiche

Energie hätte, könnte weder Arbeit verrichtet werden, noch würde sonst etwas passieren. Es geht immer um Energieunterschiede, und insofern ist es eher treffend, wenn wir bei der Energie von einem Strömen sprechen und so die Dynamik mit ins Spiel bringen. Es muss nämlich auch möglich sein, dass Energie übertragen wird, dann wird Arbeit verrichtet, dann passiert etwas. Energie ist also ein sehr abstrakter Begriff dafür, dass in der Welt etwas ohne menschliches Zutun passieren kann.

Alle Vorgänge in der Natur, bei denen Energie freigesetzt wird, passieren von alleine. Wenn zum Beispiel Wasser über einen Felsabbruch in die Tiefe fällt, wird seine potenzielle Energie zu kinetischer Energie. Wenn das Wasser unten angekommen ist und ruhig im See liegt, ist seine gesamte potenzielle Energie über kinetische Energie in Wärme verwandelt worden. Und wenn du jetzt als Wanderer an den See kommst und deine Arme ins Wasser hältst, dann ist es kalt, weil dein Körper eine höhere Temperatur als das Wasser hat. Das Wasser kühlt dich, es erfrischt dich. Du kannst also an dir selbst erleben, dass dieser Vorgang nur passiert, weil Energieunterschiede herrschen.

Das gilt allerdings nur für geschlossene Systeme. Bei offenen Systemen, in die Energie von außen zugeführt wird, kann natürlich alles Mögliche passieren, so wie bei uns Menschen oder der Erde im Ganzen. Kosmisch betrachtet steht die Erde in einem gewaltigen Energiestrom. Sie bekommt unglaubliche Mengen Energie von der Sonne. Sie gibt aber auch einen erheblichen Teil der Energie, die sie von der Sonne erhält, wieder an das Weltall ab. Dazu ist es notwendig, dass das Universum kälter ist als die Erde. Und je größer der Temperaturunterschied ist – Stichwort Wasserfall –, desto mehr Energie fließt ab.

Als die Erde vor 4,6 Milliarden Jahren entstanden ist, hatte die Sonne eine wesentlich geringere Leuchtkraft als heute. Damals hätte die Erde eigentlich zu einem kalten Eisball erstarren müssen. Dann hätte die vergletscherte, weiße Oberfläche die Energie der Sonne komplett reflektiert. Das heißt: Schon damals muss es einen Prozess gegeben haben, der die Erde vor der totalen Vereisung bewahrt hat. Das war der Treibhauseffekt, sprich: Wasserdampf, Methan, Kohlendioxid und andere Treibhausgase haben in der Atmosphäre die Wärmestrahlung der Erde absorbiert.

Es gibt also zwei Strahlungsquellen für die Erdoberfläche: die absorbierte Energie, die in der Atmosphäre steckt und die in Teilen wieder zur Erde zurückgeworfen wird, und die Sonne selbst. Dieser Tatsache haben wir es zu verdanken, dass wir anstatt einer Durchschnittstemperatur von minus 18 Grad Celsius, die die Erde ohne Atmosphäre hätte, im Durchschnitt eine Temperatur von plus 15 Grad haben. Der natürliche Treibhauseffekt sorgt also für eine Differenz von 33 Grad Celsius. Das ist beeindruckend, aber es zeigt vor allen Dingen, dass wir nur deswegen hier auf diesem Planeten sind, weil es große Energieunterschiede gibt – zwischen unserem Stern, der Sonne also, und dem Universum.

In diesem riesigen Energiestrom bewegen sich alle Lebewesen wie Forellen in einem Bach. Alles hängt mit allem zusammen: Sonnenlicht wird von den Pflanzen absorbiert und zur Fotosynthese genutzt. Diese Arbeit der Pflanzen produziert den Stoff, den wir alle zum Leben brauchen, nämlich Sauerstoff. Dieser wiederum führt dazu, dass sich im oberen Teil der Atmosphäre eine Ozonschicht bildet, die einen ganz erheblichen Teil der Ultraviolettstrahlung der Sonne absorbiert, wodurch das Leben in den oberen Wasserschichten der Meere und an Land überhaupt erst möglich wurde. Ultraviolettstrahlung nämlich hat die Energie, Moleküle zu zerstören. Das kennen wir alle vom Sonnenbrand.

Das Konzept von Energieunterschieden steckt auch in allen Maschinen. Wir brauchen immer eine Energiequelle, die in der Maschine bestimmte Schritte ermöglicht. Wenn wir diese Energiequelle abschalten, steht die Maschine still, es wird keine Arbeit mehr geleistet.

Das trifft auch auf unseren Körper zu. Vieles, was in unserem Körper stattfindet, ist Arbeit. Das lässt sich ablesen an den Kalorien, die ein Körper im Laufe eines Tages verbraucht. Es gibt Vorgänge in unserem Körper, die Energie liefern, und solche, die Energie verbrauchen. Wir bewegen uns, wir denken. Ein großer Teil der Energie wird durch unsere Gehirnaktivitäten verbraucht. Dabei wird die meiste Energie dafür benötigt, unser Gehirn schön warm zu halten. Durch die Wärme strahlt es viel Energie ab und hält dadurch wiederum seine Struktur aufrecht. Wenn die gesamte Wärme gespeichert würde, wäre unser Hirn nur Pampe.

Die Frage nach Struktur ist zugleich eine Frage nach

Ordnung. Wie kann ein System sich selbst ordnen? Warum hat zum Beispiel unser Gehirn solche Fähigkeiten? Das muss an seinem Aufbau, seiner Struktur, seiner Ordnung liegen. Ordnung ist aber dummerweise keine messbare Größe. In der Physik zäumen wir das Pferd sozusagen von hinten auf, denn dort gibt es eine Größe, die die Unordnung beschreibt: die Entropie. Ganz grob gesagt ist die Entropie umgekehrt proportional zur Ordnung. Wenn also die Ordnung hoch ist, ist die Entropie niedrig, wenn die Ordnung niedrig ist, ist die Entropie hoch. Gase haben zum Beispiel eine hohe Entropie, während Kristalle eine höhere Ordnung oder Struktur und damit eine niedrigere Entropie haben.

Das alles beschreibt der zweite Hauptsatz der Thermodynamik, der besagt, dass in jedem geschlossenen System, das keine Energie oder Materie mit seiner Umgebung austauscht, die Entropie, also das Maß für die Unordnung, immer weiter zunimmt. Mit anderen Worten: In einem geschlossenen System nimmt die Ordnung mit der Zeit immer weiter ab. Das geschieht durch Reibung oder durch Verluste. Bei Lebewesen etwa dadurch, dass sie älter werden, weil die Zellen sich nicht mehr perfekt kopieren können. Wir altern, weil wir ein fehlteiliges System sind, in dem es zu Reibungen und zu Verlusten kommt. Das beschreibt die Physik als Entropie.

Dieser Prozess lässt sich wunderbar am Beispiel eines frisch gezapften Glases Pils erklären. Stell dir also ein Pils vor, vorbildlich sieben Minuten gezapft. Im Glas unten das Pils, darüber der Schaum. Was passiert, wenn du das

Pils nicht trinkst? Richtig, der Schaum fällt zusammen. Denn: Der Schaum ist der Zustand mit der niedrigeren Entropie, das flüssige Bier der mit der höheren Entropie. Der Schaum besteht nämlich aus Blasen, das bedeutet, dass die Moleküle im Schaum sich nur entlang der Wände der Blasen bewegen können. Der Schaum hat also eine höhere Struktur als die Flüssigkeit, in der sich die Moleküle frei bewegen können. Deswegen zerfällt nicht die Flüssigkeit zu Schaum, sondern der Schaum zu Flüssigkeit. Ein anderes Beispiel für niedere Entropie und hohe Entropie ist der Blumenstrauß. Steckt man ihn zwei Tage in die Erde, was kommt dabei heraus? Biomatsch mit hoher Entropie.

Auf Lebewesen bezogen bedeutet dieser Zusammenhang auch, dass sie die Entropie, die in ihnen entsteht, immer wieder loswerden müssen: Sie nehmen niederentropische Nahrung auf und scheiden hochentropische Abfälle aus. Wenn das nicht mehr funktioniert, stirbt das Lebewesen. Lass mich diesen wichtigen Punkt noch einmal an folgendem Beispiel erklären: Nehmen wir an, ich stecke dich in eine Mikrowelle. Obwohl du jede Menge Energie aufnimmst, wirst du davon sicher nicht satt. Nein, du musst Struktur aufnehmen, sei es pflanzliche oder tierische Struktur, es muss eine biochemische oder chemische Struktur mit möglichst niedriger Entropie sein. Wir sind keine Lebewesen, die von Licht oder irgendwelcher Strahlung leben. Wir brauchen Luft zum Atmen, Sauerstoff für die Energie, und wir brauchen Material, das in den Körper eingebaut werden kann. Dieses einzubauende

Material sind keine Steine – von denen können wir nicht leben –, nein, wir brauchen eine bestimmte Form von organischer Materie, die sich mit unseren Molekülen verbinden lässt. Diese Materie hat eine hohe Struktur, das bedeutet gleichzeitig, dass sie eine niedrige Entropie hat.

Alles, was lebt, ist also Teil eines gewaltigen Energiestroms. Auch wir Menschen stehen in ständiger Wechselwirkung mit der uns umgebenden Welt. Wir sind Teil der Welt, die uns umgibt. Wir sind von ihren energetischen Strömungen durchdrungen und können uns nicht von ihnen trennen.

Damit sind wir wieder bei Humboldt. Er sieht, spürt und erlebt die Energie der Natur in all ihren Formen. Es sprudelt, weht und fegt, wächst und wuchert, donnert und blitzt, Pracht und Überfülle, es tut und macht. Da brechen Vulkane aus, Zitteraale setzen ihre elektrischen Stöße frei, Stromschnellen lassen ihn und Bonpland fast ertrinken, Wälder und ihre Bewohner lassen sie staunen und zittern. Die Hitze des Tages, die Kälte der Nacht. Er und sein Begleiter erleben unmittelbar, was Energie in der Natur bewirken, aus- und anrichten kann. Sie erleben unmittelbar, dass die Erde eine riesige Wärmekraft-Maschine ist: Sowohl in der Atmosphäre als auch in den Ozeanen, an Land und im Erdinneren – überall ist Energie im Überfluss vorhanden und lässt Dinge passieren. Letztlich auch das Tohuwabohu des Klimawandels, vor dem wir heute stehen.

KK: Für Humboldt war Natur ein Wunder, ein Wunder, das ihm Energie gab, Antrieb und Inspiration. Genauso scheint es Menschen zu geben, die einem Energie geben, und solche, die einem Energie rauben. Was würdest du über diesen metaphysischen Aspekt der Energie sagen? Kann sie das entscheidende Moment für Veränderung sein?

HL: Die metaphysischen Aspekte der Energie hat für mich vor allem ein Philosoph sehr gut beschrieben, nämlich Heraklit mit seiner Formel »panta rhei«, »alles fließt«. Der Motor seiner Philosophie war also nicht ein statischer Endpunkt, unser Tod, sondern die Bewegung: Immerzu geht etwas los, geht etwas weiter, verändert sich. Wandel ist die einzige Konstante, die es gibt. In diesem Sinne gehört der Veränderungscharakter zu den Eigenschaften des Seins. Denn eine Frage der Ontologie, der Lehre vom Seienden ist: Was ist der ontologische Status des Seins?

Wenn wir uns also zum Beispiel fragen, wie neue Eigenschaften in der Welt entstehen, die wir vorher nicht ablesen konnten von dem, was schon da war, kommt diese Eigenschaft – die Veränderung – zum Tragen. Denn es muss offenbar eine Möglichkeit der Selbstorganisation geben, die unter verschiedenen Randbedingungen neue Kombinationen von Teilchen und Kräften ermöglicht, die zu bis dahin völlig unbekannten Lösungen führen.

Ein Beispiel: Nachdem die Atmosphäre sich im Laufe der Erdgeschichte immer mehr mit Sauerstoff angereichert und eine Ozonschicht gebildet hatte, kam das Leben an Land. Durch diese Veränderung hat sich die Vielfalt des

Lebens, vor allem die pflanzliche Vielfalt, enorm vergrö-
ßert. Ein Grund dafür ist, dass an Land viel mehr harte
Randbedingungen existieren als im Wasser. Eine Pflanze
im Wasser hat alle Nährstoffe, sie braucht keine Wurzeln,
sie läuft nicht Gefahr auszutrocknen. An Land aber müssen Tiere und Pflanzen sehr spezifische neue Fähigkeiten
entwickeln, um zu überleben, um sich zu behaupten.

Diese Art von Ablauf lässt sich über sämtliche natürliche Entwicklungen hinweg verfolgen. Die Art und Weise,
wie Dinge sich verändern, hat immer mit den Naturge-
setzen und den Randbedingungen zu tun. Hinzu kommt,
ganz entscheidend, die Dimension der Zeit. Denn Ursache und Wirkung – also die Veränderung – entwickeln
sich immer in einem Nacheinander, in der Zeit.

In der Physik können wir für Experimente und Mes-
sungen die Zeit immer wieder auf null stellen, wir können im Prinzip immer wieder von vorne anfangen. Die
Schöpfung aber gibt uns eine andere Qualität von Zeit
vor. Die Zeit nämlich ist im Gegensatz zum Raum eine
qualitative, keine quantitative Dimension. Wir können
zwei Mal an denselben Ort gehen, aber niemals zwei Mal
zur selben Zeit dort sein. Dieser Unterschied ist ein kate-
gorischer: Im einen Fall sprechen wir von Qualität, also
von einer Eigenschaft, im anderen von Quantität, also von
einer Anzahl. Damit ist das Sein eine in der Quantität
befindliche Qualitätsäußerung, und dazu gehört die Energie in all ihren Formen.

Kommen wir zurück zu deinem Beispiel. Wenn dich
ein anderer Mensch anregt, ist eine äußere Randbedingung

an dich herangetreten und hat dich in diesem Moment verändert. Da passiert etwas mit dir. Und dieses *passieren* lässt sich bis hin zur Quantenmechanik nachvollziehen. Erinnern wir uns an Heisenberg, der sagte: Du kannst nicht nicht wechselwirken. Alles auf der Welt hat seine Wirkung, jedes Wort, jede Geste, jedes Tun, jeder Gedanke, jedes Gefühl.

Weite Strömungen der Psychologie befassen sich mit der Wirksamkeit des Unbewussten, etwa damit, wie wir unbewusst auf andere Menschen reagieren, auf ihre Körpersprache, ihre Erscheinung. Das zeigt uns, dass wir auf noch ganz andere Art und Weise mit der Welt vernetzt sind als einfach nur über unsere Großhirnrinde oder unsere Sprache, also über das, was wir weitestgehend kontrollieren können. Wir sehen: Wir sind ein Teil des Teils, der zu Anfang alles war. Dieses hat sich in seine Existenz geworfen. Was genau das ist und was seine Beweggründe sind, können wir nicht erklären. Aber wir sehen und nehmen wahr, dass der gesamte Seinszusammenhang, ob wir ihn jetzt Natur, Universum oder Schöpfung nennen, von einer unglaublichen Lust geprägt ist, sich immer wieder in neuen Formen zu zeigen. Ich glaube, dass diese Lust der Natur an neuen Formen kaum jemand so deutlich erkannt und beschrieben hat wie Alexander von Humboldt. Und er hat sich daran erfreut, er war außer sich. Man muss dazu sagen, dass Humboldt ja am Orinoco unterwegs war, da, wo sich die Natur maximal vielfältig zeigt, wo sich die Schöpfung im wahrsten Sinne des Wortes austobt, wo das Leben überquillt.

KK: Da, wo Energie hinfällt und wo die Naturgesetze und die Rahmenbedingungen stimmen, da wächst also etwas, da entsteht Neues?

HL: Ja. Was bei diesem Prozess jedoch oft vergessen wird, ist der Energieerhaltungssatz. Der besagt, dass man Energie nicht vernichten, sondern nur verwandeln kann. Damit sind wir wieder bei Heraklit: »panta rhei«, »alles fließt«. Zwar ist jeder Vorgang immer und ohne Ausnahme ein Energieverlustprozess, weil bei jeder Energieübertragung Energie verloren geht – die Gesamtmasse an Energie bleibt aber gleich. Nur so ist Veränderung, ist Entwicklung möglich. Entscheidend dabei ist: Es kommt keine neue Energie hinzu, sie verbraucht sich aber auch nicht. In anderen Worten: Es gibt keine Unendlichkeit an Energie, und es gibt keine Null-Energie. Mathematisch gibt es das. Im abstrakten Raum der mathematischen Begriffe können wir in eine völlig andere Welt vorstoßen.

Metaphysisch könnte man hier natürlich fragen, welche Bedingungen eine reale Welt erfüllen muss, die in der virtuellen Welt, in der Welt der Ideen, nicht nötig sind. Da muss man sich entscheiden: Bist du Aristoteles, also die reale Welt, oder bist du Platon und sagst, es gibt neben der realen Welt noch eine Welt der Ideen.

Es kann aber auch sein, dass beide recht haben, dass es nämlich eine reale Welt gibt, dass es aber gleichzeitig auch eine unerklärliche Verbindung zu einer Welt der Ideen gibt, die wir weder kontrollieren noch verstehen können. Und dass gleichzeitig die Welt der Ideen immer wieder eine Inspiration durch die reale Welt braucht und umgekehrt ebenso.

In den Naturwissenschaften versuchen wir, diese beiden Welten zu verbinden, indem wir sagen, wir machen keine Experimente ohne Theorie, aber es gibt auch keine Theorie ohne Anlass. Es muss also zuallererst ein Phänomen geben, weshalb sich ein Einstein zum Beispiel mit so etwas Abgedrehtem wie der allgemeinen Relativitätstheorie beschäftigte. Ein solcher Gedanke kann nur aus der Ideenwelt kommen.

Viele Theorien, zum Beispiel über den Aufbau der Materie, sind zunächst einmal auf mathematische Konsistenz überprüfte Versuche. Wenn die Wissenschaftler dann aber den Kanal in die reale Welt legen, tun sie das in Form von Vorhersagen, die in der realen Welt gemessen werden müssen. Die reale Welt ist sozusagen der oberste Gerichtshof, der darüber entscheidet, welche Ideen aus der Welt der Ideen in der realen Welt überleben werden.

13 Keine Grenzen

KK: Aber die reale Welt scheint zurzeit ein schlechter Gerichtshof, denn wir Menschen, die obersten Schöffen, ignorieren das, was ist. Vor allem, wenn es darum geht zu erkennen, welche Folgen unser rücksichtsloses, auf Profit, Ego und Status ausgerichtetes Handeln hat. Dieses selbstzerstörerische Handeln kann doch nicht das einzige sein, das die Ideenwelt uns anbietet als Lebensmuster für die reale Welt. Bevor wir bald nicht mehr die Wahl haben, auf den unendlichen Reichtum der Ideenwelt zuzugreifen, sollten wir endlich beginnen, uns auf Ideensuche zu begeben.

Wo aber sind da die deutlichen Worte der Kunst, der Denker, der Naturwissenschaftler, der Intellektuellen zum Thema soziale Gerechtigkeit, zum Thema Klimawandel, zum Thema Menschenbild, zum Thema Natur? Wo sind die Ideengeber?

Humboldt war sicher einer der letzten, großen Universalgenies. Er sprach mit allen und beeinflusste alle, Maler und Schriftsteller, Politiker und Dichter, Naturwissenschaftler und Philosophen. Heute forschen die Wissenschaften weitestgehend isoliert, die Spezialisierung schreitet voran. Die Wirtschafts- und Finanzwelt hat die

Globalisierung realisiert – und die Philosophen und Künstler, die Soziologen und Theologen? Wo ist zum Beispiel die gelebte »Poetik der Beziehung« und die »Globalität«, die der französische Schriftsteller, Dichter und Philosoph Édouard Glissant immer wieder anmahnte?[48] Hier hätten wir Ideen für eine menschliche Identität, die sich über die Vielfalt von Beziehungen definiert. Und für ein globales Miteinander, das im Gegensatz zur sogenannten Globalisierung keine »Angleichung auf niedrigstem Niveau« ist, bestimmt von internationalen Konzernen und ihren kapitalistischen, neoliberalen Projekten und der damit verbundenen kulturellen Einebnung, sondern in dem wir grenzenloses, produktives Potenzial durch schöpferische Wechselwirkung zwischen den Kulturen entfalten können.

Wir brauchen den interdisziplinären Dialog zwischen Wissenschaft, Kunst, Religion, zwischen Ökonomie und Ökologie, zwischen Bankern und Armutsforschern, zwischen Politik und Bürgern. Den interkulturellen Dialog zwischen Asiaten und Europäern, zwischen Juden und Moslems, zwischen Deutschen und Kenianern, zwischen Naturvölkern und IT-Nerds.

Warum aber gelingt dieser Dialog nicht? »Von einem lokalen Gesichtspunkt zu einem globalen beziehungsweise weltumgreifenden zu wechseln, sollte eigentlich bedeuten, dass man die Gesichtspunkte vermehrt, dass man eine größere Mannigfaltigkeit erfasst, eine größere Zahl von Wesen, Kulturen, Phänomenen, Organismen und Menschen in Betracht zieht.«[49] Anscheinend aber, so der französische Philosoph Bruno Latour, findet heute unter dem Stichwort Globalisierung das genaue Gegenteil statt: Die Verringerung der Gesichtspunkte auf ein einziges Ziel hin: Profitmaximierung.

Im Sinne Latours, Glissants, Humboldts und vieler anderer Universaldenker: Reden wir mit- und untereinander! Philosophen, Künstler, Wissenschaftler, Denker, Macher, Menschen aus verschiedenen Kulturen und Kontinenten – redet miteinander! Reden und handeln wir miteinander, um der kapitalistisch getriebenen Globalisierung eine ökologische, die Mitwelt und die Mitmenschen achtende Globalität entgegenzustellen.

HL: Was die von dir zitierten Denker und viele andere mehr ansprechen, ist die monomanische Konzentration auf die Ökonomie. Sie ist das Ergebnis einer immer stärkeren Durchrationalisierung der Welt. Das bedeutet auch, dass andere Weltzugänge verloren gehen: Wir haben etwa keinen emotionalen Zugang mehr zur Welt, geschweige denn lassen wir sie »einfach so« auf uns wirken. Anstatt die Natur als Inspiration für unsere Leidenschaften, Ideen, Fantasien wahrzunehmen, geht es immer wieder nur um eine Nutzenanalyse – bei der Wahl des Urlaubsortes genauso wie beim Bergbau, der Suche nach neuen Öl- und Gasfeldern oder der Agrarwirtschaft. Diese Nutzenanalyse ist durch die Instrumente der Naturwissenschaften extrem verschärft worden. Denn sie sind keine Wissenschaften, die einfach nur beobachten und betrachten, wahrnehmen oder gar genießen, sondern im Gegenteil: Sie nehmen auseinander, reduzieren, isolieren. Sie betrachten die Natur nicht als Ganzes. Dieses Vorgehen war sehr erfolgreich, denn zusammen mit der Reduktion, mit dem Ansatz Descartes', sich auf Probleme zu beschränken, die man auch lösen kann, hat man die Natur als Ganzes erst einmal aus dem Blick verloren.

Diese Sicht auf die Natur hat sich im Laufe der letzten Jahrhunderte immer weiter verengt. Die Mitbegründer der modernen Naturwissenschaften im 17. und 18. Jahrhundert waren fast noch universelle Naturgelehrte, die vieles über die verschiedenen Aspekte der Natur wussten. Vermutlich aber hätte heute keiner von ihnen mehr diesen umfassenden Überblick, weil die Menge an Information und Wissen so zugenommen hat, dass die Spezialisierung ein ganz normaler, evolutionärer Gang war. Will man heute in der Naturwissenschaft erfolgreich sein, bleibt es nicht aus, dass man sich spezialisiert, extrem spezialisiert.

Diese Spezialisierung ist ein Charakteristikum der Durchrationalisierung. Sie hat zur Folge, dass es immer mehr Expertensysteme gibt, eine Welt, in der Experten von anderen Experten abhängig sind. Ganz zu schweigen von den Laien, die bis in ihren ganz normalen Alltag hinein mehr und mehr von Experten abhängig sind. Das heißt, die Entwicklung der Aufklärung, nämlich: Habe Mut, dich deines eigenen Verstandes zu bedienen und trete hinaus aus der selbst verschuldeten Unmündigkeit, ist zu einem Ende gekommen. Denn wir alle hängen von Experten ab.

Die Durchrationalisierung der Welt, die Verwissenschaftlichung der Welt führt außerdem dazu, dass wir nur noch Erfahrungen anerkennen, die wissenschaftlich überprüft sind. Teil der wissenschaftlichen Überprüfung ist das Experiment, in dem unter bestimmten isolierten, idealisierten Bedingungen der reine Effekt chemisch, physikalisch oder biologisch herausgearbeitet wird. Dieser reine Effekt wird dann in einer Funktionsannahme auf mögliche technologische Anwendungen hin überprüft. Es geht also nicht um die reine Erkenntnis einer Naturgesetzlichkeit, sondern immer um die Frage: Was kann ich damit anfangen? Dieser Prozess setzt zudem eine lineare Zeitvorstellung voraus: Die Zeit wird bei einem Experiment immer wieder auf null gedreht. Darüber haben wir ja schon gesprochen. Im naturwissenschaftlichen Experiment kann ich also Natur in Einzelprozesse zerlegen, die immer wieder von vorne beginnen. In der Natur als Ganzem aber kann das nie der Fall sein. Hier geht es darum, was zur selben Zeit oder möglicherweise vorher passiert ist, damit das, was jetzt und im weiteren Verlauf passiert, überhaupt passieren kann. Das ist ein völlig anderer Zeitbegriff.

Uhrzeit auf der einen Seite und Naturzeit auf der anderen. Unser ökonomisches, rationalisiertes Leben wird von der Uhrzeit bestimmt, Naturzeit spielt da keine Rolle. Das heißt etwa, dass wir uns so weit es nur irgendwie geht, unabhängig von Tages- und Jahreszeiten machen, von all den Bedingungen unserer Umgebung, die uns in unserem ökonomischen, rationalen Handeln einschränken. Wir trennen uns immer weiter von der Natur.

Das führt dazu, dass uns weite Bereiche unseres Lebens nicht mehr vertraut sind. Wer weiß denn heute zum Beispiel noch etwas über Nahrungsproduktion oder über die vielen anderen Dinge, die wir früher durch direkte Lebenserfahrung kennengelernt haben. Ich erinnere mich noch, wie ich als Kind die Umgebung unseres Dorfes entdeckt und erfahren habe, den kleinen Fluss, die Ohm, die Wälder, die Felder. Ich habe buchstäblich mit meinen Händen begriffen, was dort war, das Wasser im Fluss, der Boden auf den Feldern, die Bäume und Früchte in den Wäldern. Wer sieht denn heute noch, wie ein Schwein oder eine Kuh aufwachsen? Wie eine Kuh gemolken, wie ein Schwein geschlachtet wird, wie sich frisch gelegte Hühnereier anfühlen, wo Kartoffeln wachsen, wo Äpfel und Bohnen? Wie Weizen oder Mais geerntet werden? Kinder, die heute in urbanen Lebensräumen aufwachsen, haben keine Ahnung von dem, was da draußen los ist. Wenn man sie abends alleine in den Wald ließe, würden die meisten, glaube ich, Panikattacken kriegen.

Ich will damit sagen, dass uns mit der technologisch-ökonomischen Durchrationalisierung der Welt etwas verloren gegangen ist, das Humboldt auf seinen Reisen noch hatte: nämlich das Urvertrauen in diese Welt. Man könnte fast von Gottvertrauen sprechen. Und trotz aller heiklen Erfahrungen hat er sein Thermometer in den Boden gesteckt, hat gemessen und vermessen, was und wann immer er konnte. Er war also kein Gegner einer rationalen Weltsicht, aber er hat das Wahrnehmende, das Emotionale mit dieser Sicht verbunden, er hat es nicht ausgeschlossen.

Die Technologie heute ist eine den Menschen mehr und mehr ausschließende Art und Weise der reinen Funktionsnutzung der Welt. Natur ist nur noch eine Kulisse für die Erfüllung unserer Zwecke. Dass etwas Emotionales mit mir passiert, wenn ich der Natur ausgesetzt bin, mich staunen machen kann, mich fröhlich machen kann, dass ich vielleicht vor der Größe und Wucht der Natur erschaudere und damit eine innere Respekts- und Ehrfurchtsdimension entwickle – wer erlebt das so?

Was Glissant und Latour ganz im Humboldt'schen Sinne, wie du zu Recht bemerkst, fordern, ist, die geisteswissenschaftliche, die humane Dimension wieder in unser Leben zu integrieren. Technologie ist zwar im Ursprung human, weil sie dem Menschen hilft, seine Neugier und seinen Erkenntnisdrang zu befriedigen. Aber was macht die Technologie, die Technisierung dann mit dem Menschen, was machen die Technostrukturen mit uns allen? Wir haben es inzwischen ja nicht mehr nur mit Einzelgeräten zu tun, sondern mit vielen Geräten, die Teil eines größeren Netzes sind. Das begann schon mit der Erfindung der Eisenbahn, die ein Schienennetz notwendig machte. Für unsere Autos brauchen wir ein Straßennetz, ein Tankstellennetz. Ein Telefon ohne Telefonnetz bleibt stumm. Heute sind wir komplett vernetzt. Wir haben zig Netze rund um den Planeten gesponnen, eine gewaltige Technostruktur aus Pipelines, Kabeln und elektromagnetischen Wellen, die pausenlos und immer intensiver um den Planeten wabern. Was für eine Wirkung das auf uns hat, wissen wir nicht. Was wir aber wissen, ist, dass diese großen digitalen Netze pausenlos auf uns zugreifen, uns überwachen und kontrollieren.

Das schürt unser Misstrauen. Die moderne, globale Technologie ist ein Paradebeispiel für totales Misstrauensmanagement. Und damit das genaue Gegenteil von dem, was wir für ein normales, menschliches Miteinander brauchen: Ich vertraue dir, du vertraust mir. Du bist mein Freund, ich bin dein Freund. Vertrauen entlastet uns, reduziert Komplexität. Misstrauen versucht ebenfalls, Komplexität zu reduzieren, aber mit anderen Mitteln: Es rechnet herunter und muss deswegen immer von quantitativen Größen ausgehen. Die Technologie – etwa in Form eines Computers – sagt deswegen: Moment, »Freund« ist keine quantitative Größe, euren Freundschaftsgrad kann ich nicht messen. Ich möchte stattdessen wissen, wie oft ihr euch trefft und wo, ich möchte euch auf der biochemischen Ebene analysieren. Der Computer fragt: Lassen meine Pheromonmessungen den Schluss zu, dass ihr euch tatsächlich versteht, oder tut ihr nur so?

Den anderen mögen oder lieben ist keine quantitative Größe. Vermögen kann man messen, Mögen und Lieben nicht. Das heißt, wir müssen mehr Qualitätsbetrachtung in das Quantitative bringen. Es muss uns darum gehen, die Qualitäten hochzuhalten, nicht die Quantitäten. In der Ökonomie aber sind die Qualitäten oft nur von zweitem oder drittem Rang. Das bedeutet hinsichtlich einer gelebten Globalität, dass wir zum Beispiel endlich damit anfangen müssen, den Menschen in unserem Umfeld einen Vertrauensvorschuss zu geben und wegzugehen von den Kontrollinstrumenten, mit denen wir prüfen können, ob der andere auch seine Aufgaben erfüllt.

Wir haben die Spitze der Durchrationalisierung erreicht: Lichtgeschwindigkeit und Planck'sches Wirkungsquantum sind nur zwei Beispiele dafür, dass wir an der Kante des rational Möglichen angekommen sind. Mehr und mehr erkennen wir, was dieser verfluchte Erfolg der Naturwissenschaften in ihrer technischen Form mit uns gemacht hat. Er hat uns abgebracht von unserem Weg hin zum ganzen Menschen, er hat uns zu einer Funktions- und Nutzungseinheit gemacht. In anderen Ländern, in Kulturen, in denen der Einfluss von Technologie noch nicht so stark ist, erleben wir Menschen, die ganz anders sind als wir. Da wird sich gefreut, da wird getanzt, da wird gefragt, wo kommst du her? Stell dir das einmal hier in Deutschland vor. Stell dir vor, du würdest einfach jemanden auf der Straße ansprechen: Sie sehen aber interessant aus, wo kommen Sie denn her? Oder: Du siehst nicht gut aus, kann ich dir helfen? Das ist eine für mitteleuropäische Verhältnisse unvorstellbare Fantasie von gelebter Mitmenschlichkeit.

Humboldt hingegen hat schon zu seiner Zeit klar erkannt, welche Grenzen die naturwissenschaftlichen Methoden haben, und dass es am Ende immer um den Menschen gehen muss. Das Maß aller Dinge ist der Mensch. Wenn sich aber der Mensch kaum noch von einem Roboter unterscheidet, haben wir verloren, dann haben wir die Riesenchance, die uns die Schöpfung schenkt, nämlich Mensch unter Menschen zu sein, mitmenschlich zu sein, diese Chance haben wir dann vertan.

Wir dürfen den Ökonomen und Rationalisten mit ihrer Art der Kontrolle und Steuerung nicht die Welt überlassen. Die Globalisierung, die ihr Hauptziel darin sieht, Ökonomie zu befördern – à la »menschlich und sozial sein können wir uns nur leisten, wenn wir vorher das Geld dafür erwirtschaftet haben« –, ist nicht zukunftsfähig.

Stellen wir uns vor, wir würden anstelle von Frau Merkel oder Herrn Scholz eine Person, die dem Dalai Lama entspricht, zum Kanzler wählen. Und sein erster Vorschlag nach der Wahl wäre: Wir machen zwei Wochen Pause, wir schließen alle Häfen und Flughäfen. Wir freuen uns des Lebens und sind füreinander da. Wir treffen Familie und Freunde, helfen unseren bedürftigen Verwandten und Mitmenschen, helfen unseren Kindern beim Lernen. So jemand würde nicht gewählt werden, den würde man gleich in die Psychiatrie einliefern. Dabei wäre es für die Welt vielleicht das Beste, was ihr passieren könnte: einfach aufzuhören mit dem sinnlosen Transport von sinnlosen Konsumgütern und stattdessen seine Nächsten zu fragen: Wie kann ich dir helfen, wo kommst du her, wo gehst du hin, brauchst du etwas? Einfach gastfreundlich sein, lebens-gastfreundlich. Uns allen müsste doch klar sein, dass wir als Menschen nur Gast und nur vorübergehend auf dieser Erde sind.

Das alles ist natürlich nur eine naive Vorstellung von mir, aber das Wunderbare ist, dass es möglich wäre.

14 Ein Teil des Teils, der zu Anfang alles war

KK: Harald, Max Planck hat gesagt: »Meine Herren, als Physiker, der sein ganzes Leben der nüchternen Wissenschaft, der Erforschung der Materie widmete, bin ich sicher von dem Verdacht frei, für einen Schwarmgeist gehalten zu werden.

Und so sage ich nach meinen Erforschungen des Atoms dieses: Es gibt keine Materie an sich.

Alle Materie entsteht und besteht nur durch eine Kraft, welche die Atomteilchen in Schwingung bringt und sie zum winzigsten Sonnensystem des Alls zusammenhält. Da es im ganzen Weltall aber weder eine intelligente Kraft noch eine ewige Kraft gibt – es ist der Menschheit nicht gelungen, das heißersehnte Perpetuum mobile zu erfinden –, so müssen wir hinter dieser Kraft einen *bewussten intelligenten Geist* annehmen. Dieser Geist ist der Urgrund aller Materie. Nicht die sichtbare, aber vergängliche Materie ist das Reale, Wahre, Wirkliche – denn die Materie bestünde ohne den Geist überhaupt nicht –, sondern der unsichtbare, unsterbliche Geist ist das Wahre! Da es aber Geist an sich ebenfalls nicht geben kann, sondern jeder Geist einem Wesen zugehört, müssen wir zwingend Geistwesen annehmen. Da aber auch Geistwesen nicht aus sich selber sein können, sondern geschaffen werden müssen, so scheue ich mich nicht, diesen geheimnisvollen Schöpfer ebenso zu benennen, wie ihn alle Kulturvölker der Erde früherer Jahrtausende genannt haben: Gott! Damit kommt der Physiker, der sich mit der Materie zu befassen hat, vom Reiche des Stoffes in das Reich des Geistes. Und damit ist unsere Aufgabe zu Ende, und wir müssen unser Forschen weitergeben in die Hände der Philosophie.«[50]

Allzu oft werden Wissenschaft und Spiritualität als antagonistische Kräfte gesehen. Max Planck aber beschreibt den Weg vom Reich des Stoffes in das Reich des Geistes. Die Physiker reichen das Staffelholz weiter an die Philosophen. Was sagst du als Philosoph: Gibt es einen geheimnisvollen Schöpfer, einen Gott, und welche Bedeutung hätte das Sein oder Nichtsein eines solchen Gottes für unser Handeln hier auf der Erde?

HL: Das ist eine sehr interessante Frage, und zwar im buchstäblichen Sinne interessant, wenn wir an den lateinischen Ursprung des Worts denken – inter esse, »dabei, dazwischen sein«. Sie trifft mitten in die Sache und ist zugleich eine unabschließbare Frage, egal, wie die Antwort ausfällt.

Wenn ich an Planck denke und daran, dass er alle seine Kinder verloren hat und auch seine Frau – ich weiß nicht, wie er das alles ausgehalten hat. Mein Bild von Planck ist das des ruhigen, gelassenen Theoretikers, des ehrenhaften Menschen. Er war kein Bohème-Typ, der die Zunge rausstreckt, oder ein Niels Bohr, er war auch kein genialischer Paul Dirac oder Werner Heisenberg oder so ein Lausbube wie Wolfgang Pauli. Planck ist in meiner Vorstellung vielleicht – und das ist nicht abschätzig gemeint – der Prokurist der Physik. Ein sauberer, anständiger, nüchterner Mann. Du willst etwas, geh zu Max, der weiß, wo es ist, der weiß, was du machen kannst. Ich schätze ihn als einen der ganz Großen der Physik. Er war nicht der Einzige unter den großen Physikern, der sich mit dieser Wesensfrage beschäftigt hat, vielleicht, weil die Physik diese existenziellen Fragestellungen in einem verschärften Maße inspiriert. Und Physiker scheuen sich nicht, sich zu outen und zu sagen: Da kommen wir nicht ran.

Ich werde auch immer wieder nach Gott gefragt und frage dann immer zurück: Haben Sie schon Ihren Tankwart, Ihren Schuster, Ihren Bäcker nach Gott gefragt? Wenn es Gott gibt, dann ist er für uns alle da, und nicht nur für die kleine Gemeinschaft von Astrophysikern.

Man kann sich diesem Thema natürlich auf verschiedene Weise nähern. Aber was Planck hier sagt, finde ich etwas problematisch, weil er der Philosophie, der Theologie eine Art Lückenbüßerfunktion zuweist. Genau dann nämlich, wenn ich als Naturwissenschaftler etwas nicht mehr verstehe oder erklären kann, bringe ich einen Geist, ein Geistwesen, einen Gott ins Spiel, ganz im Sinne der Aussage: Gott ist da, wo die Wissenschaft nicht ist. Während der letzten drei- oder vierhundert Jahre hat die Theologie ständig Rückzugsgefechte geführt. Das hat der Akzeptanz eines Begriffs von Schöpfung, die gewollt ist, nicht gutgetan. Die Theologie hat sich meines Erachtens geschadet, als sie angefangen hat, mit den Naturwissenschaften um Deutungshoheit zu konkurrieren.

Ich würde sogar sagen, Planck macht mit seiner Aussage einen Kategorienfehler. Denn Aufgabe der Naturwissenschaften ist es, die Natur und ihre Abläufe zu beschreiben. Fragen, die die Naturwissenschaften experimentell nicht beantworten können, gehören automatisch nicht zu ihrem Wissensbereich. Die Frage, was den Anlass gegeben hat, dass die Welt sich in ihre Existenz geworfen hat, lässt sich deswegen naturwissenschaftlich überhaupt nicht behandeln. Wir können dazu weder Experimente machen noch Thesen aufstellen, die sich irgendwie naturwissenschaftlich belegen ließen.

Der Mathematiker und Philosoph Kurt Gödel wies mit seinem berühmten Unvollständigkeitssatz nach, dass Aussagen in formalen Systemen eine Grundannahme brauchen, die sich nicht aus dem System selbst heraus begründen oder beweisen lässt. Logisch gesehen brauchen wir eine Annahme, auch was den Ursprung des Universums betrifft. Dieser Annahme können wir irgendeinen Namen geben. Die einen nennen sie Gott, die anderen nennen sie gar nicht. Aber dass es eine Wirkung gegeben hat, die außerhalb des erkennbaren Wirkungskreises des gesamten Universums liegt, ist – logisch ausgedrückt – der Normalfall. Gödel ist darüber nicht verzweifelt, sondern hat im Grunde nur festgestellt, dass unsere Logik nicht in der Lage ist, tatsächlich alles in der Welt zu verstehen und selbstkonsistent zu erklären.

Auch wenn Stephen Hawking kurz vor seinem Tod

behauptet hat, ein selbstkonsistentes Modell gefunden zu haben, stimmt das leider nicht. Und damit sind wir beim Problem des Wissenschaftsbegriffs an sich. Bei den Naturwissenschaften weiß jeder mehr oder weniger, was Physikerinnen, Biologen, Chemikerinnen oder Astronomen machen, was der Gegenstand ist, mit dem sie sich beschäftigen. Aber was ist der Gegenstand der Philosophie? Die moderne Definition von Philosophie wäre, dass sie eine Strukturwissenschaft ist. Sie beschäftigt sich mit geistigen, gedanklichen Strukturen, die sie auf ihre Konsistenz, Widerspruchsfreiheit, Formulierbarkeit und Kritisierbarkeit untersucht. Genauso macht es die Mathematik. Nur die allerwenigsten Strukturen, die sie erforscht, sind real. Real sind nur die Strukturen, die sich durch entsprechende Empirie, durch Erfahrung wahrnehmen lassen. Daneben gibt es religiöse Wahrnehmungen. Viele Menschen haben religiöse Erfahrungen. Sie spüren subjektiv irgendetwas, das sie nicht reproduzierend kommunizieren können. Aber es ist eine Erfahrung, die sie in ihrem Verhalten verändert. Diese Veränderung kann in alle möglichen Richtungen führen. Fromme Menschen werden zu Atheisten, Nichtgläubige zu frommen Kirchgängern. Diese Erfahrungen lassen uns die Überkomplexität der Welt spüren, lassen uns fühlen, dass wir ein Teil des Teils sind, der zu Anfang alles war.

Wir suchen heute auf der ganzen Erde und sogar über die Erde hinaus, im All, nach einer Antwort auf die Ursache für unsere Welt. Das kann nur schiefgehen. Wir überfordern uns damit gewaltig. Stattdessen könnten wir versuchen zu vertrauen. Denn, wie beschrieben: Vertrauen reduziert Komplexität. Gottvertrauen ist ein Urvertrauen, ein primordiales Vertrauen in die Natur, dass die Natur uns gut ist. Wenn wir der Natur diese Eigenschaft geben, setzen wir automatisch voraus, dass das, woher die Natur kommt, auch gut ist. Und wenn wir diesen Gedanken konsequent zurückverfolgen, muss das Gute am Anfang gestanden haben.

KK: Hier treffen wir wieder auf Mengzi, der gesagt hat: »Wer sein Bewusstsein vollständig entfaltet, wird sich seiner Natur bewusst, und wer sich seiner Natur bewusst wird, wird sich des Himmels bewusst.«[51]

HL: Ja, und offenbar war das Gute am Anfang ausreichend, um Leben auf diesem Planeten zu entwickeln. Selbst das Wissen darum, dass unsere Sonne in einigen Milliarden Jahren ausbrennen wird oder andere kosmische Katastrophen passieren können, mindert die doch eigentlich unglaubliche Erkenntnis nicht, dass dieses Universum über die phänomenale Fähigkeit verfügt, an bestimmten Orten Lebewesen hervorzubringen, die anfangen, nicht nur über sich selbst, sondern über den gesamten Kosmos nachzudenken. Dabei erfahren sie, dass es einen Schöpfer gegeben haben könnte oder immer noch gibt, der dafür sorgt, dass die Welt sich selbst macht. So ähnlich hat es auch der große Paläontologe, Anthropologe und Philosoph Pierre Teilhard de Chardin formuliert, der staunend vor der Vielfalt der immer neuen Eigenschaften stand, die es in diesem Universum gibt und die sich aus den alten, bereits vorhandenen Eigenschaften nicht ableiten lassen. Es ist dieser immerwährende Spieltrieb der Schöpfung, der pausenlos neue Möglichkeiten kreiert und anbietet. Was am Ende werden und währen wird, ist nicht von vornherein klar festgesetzt.

Deswegen kann man Evolution nicht wiederholen. Die Menge an Faktoren, die dafür sorgen, dass Natur sich vollzieht, unentwegt, kontinuierlich, in jeder noch so kleinen Zeiteinheit, ist einfach unüberschaubar. Die Natur kennt weder Freizeit noch gibt es eine Generalprobe. Die ganze Zeit wird aufgeführt, es ist ein Dauertheater, in dem diejenigen, die im Publikum sitzen, und diejenigen, die auf der Bühne stehen, dieselben sind. Die einen sind von den anderen nicht zu trennen. Und das alles ohne Dirigent, der diesem Orchester der Natur sagt, was es zu spielen hat.

Das Ursache-Wirkung-Prinzip ist ab einer gewissen Dimension und Komplexität nicht mehr anwendbar. Es gibt Hunderte von Gründen, warum etwas sein oder nicht sein kann. Wir kennen das auch aus unserem eigenen Leben. Was wäre zum Beispiel, wenn wir beide uns nicht getroffen hätten? Und wieso kam es überhaupt dazu, dass wir uns getroffen haben?

Würden wir jedem dieser einzelnen Momente nachgehen, würden wir schier verrückt werden. Die Überkomplexität des Daseins zwingt uns dazu, zu reduzieren. Sonst wären wir auch nicht in der Lage, Wissen zu erlangen, das wir erneut anwenden können, sprich zu differenzieren, wahrzunehmen, rational oder emotional zu verarbeiten.

All diese Erfahrungen können wir nur machen, weil es eine Zeitdimension gibt. Diese begann mit dem Universum vor rund 13,8 Milliarden Jahren. In diesem Moment begann das Wagnis, das bis heute andauert. Aus ihm entstanden Galaxien, Sterne, Planeten. Und auf unserem Planeten Leben, das jetzt behauptet, es gäbe neben der materiellen Welt noch eine andere, deren Mittelpunkt, Gott, einen völlig anderen ontologischen Status als wir Menschen habe. Wie immer wir es drehen und wenden: Zwischen Gott und dem Menschen tut sich ein ontologischer Abgrund auf. Wir können uns an Gott wenden, aber wir erfahren nichts von ihm, gar nichts. Der deutsche Theologe Hans-Joachim Höhn hat einmal gesagt – und das finde ich einfach die beste Erklärung – »Gott ist der Unterschied zwischen Sein und Nichtsein.«[32]

Auf der großen Zeitskala gesehen, ist das Nichtsein für jeden von uns Menschen viel wahrscheinlicher. Aber die Tatsache, dass wir da sein dürfen, dass alle Bedingungen so sind, wie sie sind, das ist für Höhn ein Ausdruck von Gott. Das bedeutet aber auch, dass wir mit Höhn nicht von einer voraussetzungslosen Schöpfung aus dem Nichts sprechen können, einer *creatio ex nihilo*, sondern dass wir, wenn es um die Ermöglichung unseres Daseins geht, von einer kontinuierlichen Schöpfung sprechen müssen. Und da bin ich voll dabei.

Ich empfinde große Dankbarkeit dafür, dass ich da sein darf. So empfand ich eine unglaubliche Nähe zu Gott, als meine Schwester starb. Wir standen um ihr Bett. Wir sahen sie an und merkten, wie ihr Atem schwächer wurde und die Abstände zwischen ihren einzelnen Atemzügen immer länger wurden. Da hatte ich das Gefühl, dass etwas um mich war, das mich getragen hat, das mich hat weinen lassen, das mein gesamtes Leben, das ich mit meiner Schwester verbringen durfte, an mir hat vorüberziehen lassen. Das Wunderbarste an diesem Augenblick war: Gut war es, wie es war. Ich habe nicht geflucht oder getobt, nein, es war gut.

Nachdem meine Schwester gestorben war, habe ich das Zimmer verlassen, ihr Haus verlassen. Und ich war noch zwei Tage lang absolut high von diesem Gefühl – ich kann es nicht anders sagen. Danach bin ich zusammengebrochen. Ich habe geheult und geschrien und war bitterlich traurig. Dieses Gefühl davor aber war so stark, so etwas hatte ich noch nie erlebt. Vielleicht ein bisschen bei der Geburt unseres Sohnes. Aber der Augenblick der Geburt war ein relativ schneller, während das Sterben meiner Schwester sich über viele Stunden zog. Ich war die ganze Zeit bei ihr, und ich hatte das Gefühl, dass mit jeder Minute, die verging, mehr in diesem Raum geschah. Ich weiß nicht, wie ich es sagen soll. Aber es war einer dieser Momente in meinem Leben, wo ich mich wirklich mit jeder Faser spürte, ohne einen Gedanken zu haben. Ich war einfach nur da. Sonst nichts.

Ich war froh, dass meine Schwester so friedlich sterben konnte. Das war ein Geschenk. Das hört sich vielleicht seltsam an. Aber es war ein Geschenk, das ich ganz tief in mir trage, das mein Gottvertrauen und mein Vertrauen in die Welt unglaublich stark gemacht hat. Ich weiß bis heute nicht, was in diesen Stunden geschehen ist. Da hatte ich Kontakt zu einer Welt, von der ich nichts wusste. Ich weiß nicht, woraus sich mein Gottvertrauen vorher gespeist hat, aber das ist seitdem die Quelle meiner Religiosität – dieser Augenblick.

KK: Mutter Theresa hat, glaube ich, gesagt: Wenn ich verstehen wollte, was ich tue, würde ich es nicht lieben.

Über dem Orinoco geht die Sonne auf

Während der Mond sich still im Wasser spiegelte, hatten sie die Nacht hindurch geredet und diskutiert, Meinungen, Erfahrungen, Ideen, Mögliches und Unmögliches, Visionen und vieles mehr ausgetauscht. Hatten sie für gut befunden, verglichen, verworfen und wieder aufgenommen.

Nebel liegt jetzt über dem Fluss und steigt aus dem dunklen Grün des Urwalds empor. Selbst die allmorgendliche Symphonie aus Vogelstimmen scheint durch die schweren Dunstschwaden gedämpft, aber ihr Weckruf für den neuen Tag ist vielstimmig und laut genug, die Zeltbewohner ins Freie zu locken.

Hannah, die die Nacht über geschwiegen, aber genau zugehört hat, tritt den anderen aus dem Nebel entgegen. Sie ist schon unten am Boot gewesen, hat alles für die Abfahrt vorbereitet, jetzt nimmt sie Alexander eine Tasche ab und macht wortlos in Richtung Ufer kehrt. Die müden Streiter folgen ihr schweigend und so achtsam wie möglich, um den Halt nicht zu verlieren. Haralds Pfeife dampft nicht mehr, hat er doch die ganze Nacht durchgepafft, um die lästigen Moskitos auf Distanz zu halten. Die Dose mit dem Pfeifentabak ist leer und auch Neil hat all seine Zigaretten aufgeraucht.

Der Fluss ist der rote Faden, der Hannah am Steuer den Weg aus dem grünen Labyrinth weisen wird. Aber wie weit ist es zur nächsten Siedlung, zum Meer? Der Bug schneidet Richtung Osten durch das Wasser, wo die Sonne als blasse rote Kugel, noch flach über dem weiten Fluss schwebend, mit ihren ersten Strahlen den Dunst durchdringt und das erhoffte Leuchten auf die Wasseroberfläche zeichnet. Bald ist das Boot mit den Reisenden im Gegenlicht der Sonne, im Nebel, in der Ferne und Weite des Flusses entschwunden.

★ ★ ★

Als der junge Wissenschaftler im Radio erklärt, dass er von Weltraumtourismus und der Besiedlung von Mond und Mars überhaupt nichts hält, wird das Programm für eine Verkehrsinformation unterbrochen: »Vorsicht auf der A3 Frankfurt Richtung Nürnberg: Zwischen Würzburg-Heidingsfeld und Rottendorf liegt ein Strandkorb auf der linken Fahrbahn. Bitte überholen Sie nicht und halten Sie sich rechts.«

Sachen gibt's, denkt Harald und fährt weiter der aufgehenden Sonne entgegen. Im Radio singt Audrey Hepburn jetzt »Moon River«:

… Two drifters, off to see the world
There's such a lot of world to see …

Anmerkungen

1 L.V. Gatti, L.S. Basso, J. B. Miller u. a., »Amazonia as a Carbon Source Linked to Deforestation and Climate Change«, in: Nature 595, 2021, S. 388–393.

2 L. Caesar, G. D. McCarthy, D. J. R. Thornalley u. a., »Current Atlantic Meridional Overturning Circulation Weakest in last Millennium«, in: Nature Geoscience 14, 2021, S. 118–120.

3 Die Datenerhebungen und Auswertungen des National Snow & Ice Data Center (NSIDC) auf Grönland sind abrufbar unter: www.nsidc.org/greenland-today.

4 »Neuseeland erlebt den wärmsten Winter seit mehr als 100 Jahren«, Spiegel Online, 06.09.2021.

5 »Männliche Schimpansen verhalten sich oft ähnlich wie Politiker.« Jane Goodall im Interview mit Carole Koch, Neue Zürcher Zeitung, 20.02.2021.

6 Bernhard Verbeek, »Die Anthropologie der Umweltzerstörung«, Primus Verlag, Darmstadt 1998.

7 Douglas Adams, »Per Anhalter durch die Galaxis«, Rogner & Bernhard, Berlin 1981.

8 Anand Giridharadas, »Winners Take All. The Elite Charade of Changing the World«, Penguin UK, London 2019.

9 Arthur Schopenhauer, »Die Welt als Wille und Vorstellung«. Vollständige Ausgabe nach der dritten, verbesserten und beträchtlich vermehrten Auflage von 1859, Anaconda Verlag, Köln 2009.

10 Ebd.

11 François Jullien, »Dialog über die Moral. Menzius und die Philosophie der Aufklärung«, Merve Verlag, Berlin 2003, S. 94.

12 Siehe etwa Richard Davidson, Anne Harrington, »Visions of

Compassion. Western Scientists and Tibetan Buddhists Examine Human Nature«, Oxford University Press, Oxford 2002.

13 Siehe etwa Jane Loevinger, »Ego Development. Conceptions and Theories«, Jossey Bass, San Francisco 1976.

14 Gerald Hüther, »Würde. Was uns stark macht – als Einzelne und als Gesellschaft«, Knaus Verlag, München 2018, S. 174–175.

15 Greta Thunberg, »Der Wandel kommt, ob es euch gefällt oder nicht«, Rede auf der UN-Klimakonferenz COP 24 in Kattowitz, Polen am 13.12.2018.

16 Arthur Schopenhauer, »Die Welt als Wille und Vorstellung«. Vollständige Ausgabe nach der dritten, verbesserten und beträchtlich vermehrten Auflage von 1859, Anaconda Verlag, Köln 2009.

17 »With a View from beyond the Moon, an Astronaut Talks Religion, Politics and Possibilities«, The Seattle Times, 07.12.2012.

18 »Ein Foto, das die Welt veränderte. 50 Jahre Mondumrundung von Apollo 8«, Artikel auf der Website des Deutschen Zentrums für Luft- und Raumfahrt, www.dlr.de, 19.12.2018.

19 Alexander Gerst, »Nachricht an meine Enkelkinder«, Videobotschaft von Bord der ISS am 25.11.2018.

20 Rüdiger Safranski, »Romantik. Eine deutsche Affäre«, Carl Hanser Verlag, München 2007.

21 Andrea Wulf, »Alexander von Humboldt und die Erfindung der Natur«, C. Bertelsmann Verlag, München 2016, S. 417.

22 Ebd., S. 420.

23 Shannon Hall, »Wie Exxon den Klimawandel entdeckte – und leugnete«, Spektrum.de, 13.11.2015.

24 Hannah Arendt, »Ziviler Ungehorsam«, in: »Zur Zeit. Politische Essays (1943–1975)«, Rotbuch, Hamburg 1999.

25 Thomas Mann, »Bekenntnisse des Hochstaplers Felix Krull. Der Memoiren erster Teil«, Fischer Taschenbuch Verlag, Frankfurt am Main 1989.

26 Bernd-Olaf Küppers, »Die Berechenbarkeit der Welt. Grenzfragen der exakten Wissenschaften«, S. Hirzel Verlag, Stuttgart 2012.

27 Timothy Bloxam Morton, »Hyperobjects. Philosophy and Ecology after the End of the World«, University Of Minnesota Press, Minneapolis 2013.

28 François Jullien, »Dialog über die Moral. Menzius und die Philosophie der Aufklärung«, Merve Verlag, Berlin 2003, S. 31 f.

29 Arthur Schopenhauer, »Preisschrift über die Grundlage der Moral«, in: »Zürcher Ausgabe. Werke in zehn Bänden«, Diogenes Verlag, Zürich 1977, Band VI.

30 Ebd.

31 Ebd. Apropos Käfer: Im Gedicht des Schweizer Schriftstellers Franz Hohler mit dem Titel »Weltuntergang« geht es um einen Käfer, der auf einer fernen Insel irgendwo im Pazifik durch menschliches Handeln ausstirbt, und infolgedessen die Welt untergeht. Das Aussterben dieses Käfers als Ursache für den Untergang der Welt erinnert uns an Humboldts Worte über die große Verkettung der Ursachen und Wirkungen, in der kein Stoff, keine Tätigkeit in der Natur isoliert betrachtet werden könne. Eine Kette, an der im wahrsten Sinne des Wortes unser Leben hängt, die wir aber mit aller Macht, mit aller Blindheit und Dummheit, getrieben von Ego, Gier und Mangel-Gefühlen immer weiter durchtrennen, aufsprengen, zerschneiden – bis die Kette reißt und unser aller Leben keinen Halt mehr hat. Es fällt wie das goldene Amulett, das uns geschenkt wurde, durch das Gitter eines Kanaldeckels. Wir versuchen vielleicht noch, es im letzten Moment zu greifen, zu halten, bekommen aber nur das kalte Stahlgitter zu fassen, während das geliebte Gold unseres Lebens mit einem fast unhörbaren Blubb im Strom des Abwassers, im Dunkel des Abyss für immer verloren ist. Vielleicht wird irgendein kosmischer Vagabund eines Tages dieses kleine Goldamulett irgendwo auf dieser Erde finden. Wird er seine Geschichte, seine Warnungen, sein Bitten, sein Flehen, seine Verzweiflung verstehen, lesen können?

32 Hans Jonas, »Das Prinzip Verantwortung. Versuch einer Ethik für die technologische Zivilisation«, Suhrkamp Verlag, Frankfurt am Main 2015, S. 36.

33 François Jullien, »Dialog über die Moral. Menzius und die Philosophie der Aufklärung«, Merve Verlag, Berlin 2003, S. 109.

34 Ebd., S. 110 f.

35 Dalai Lama, Desmond Tutu und Douglas Abrams, »Das Buch der Freude«, Wilhelm Heyne Verlag, München 2019, S. 143.

36 Tomáš Halík, »Geduld mit Gott. Die Geschichte von Zachäus bis heute«, Herder Verlag, Freiburg 2017.

37 Søren Kierkegaard, »Die Tagebücher 1834–1855«, Auswahl und Übertragung von Theodor Haecker, Brenner Verlag. Innsbruck 1923.

38 »What Life Means to Einstein«, The Saturday Evening Post, 26. Oktober 1929.

39 Hermann Hesse, »Ein Wallfahrer-Lied von Vögeln gesungen«, in Peter Suhrkamp und Hermann Hesse, »Briefwechsel«, Suhrkamp Verlag, Frankfurt am Main, 1969.

40 Norman Mailer, »MoonFire. Die legendäre Reise der Apollo 11«, Taschen Verlag, Köln 2016, S. 599.

41 Ebd., S. 18.

42 Ebd., S. 600.

43 John Burnside (Hrsg.), »Natur! Hundert Gedichte«, Penguin Random House, München 2018, S. 8 & 55; Auszug aus dem Gedicht »Die Weise von der alten Zypresse« von Du Fu, Übersetzung: Volker Kölpsch.

44 Eine Zusammenfassung des IPBES-Berichts ist abrufbar auf der Website der deutschen Koordinierungsstelle des IPBES: www.de-ipbes.de

45 »Wir müssen einen digitalen Totalitarismus verhindern«, Dirk Messner im Gespräch mit Christiane Grete, Zeit Online, 11.04.2019.

46 Johann Wolfgang von Goethe (Hrsg.), »Winkelmann und sein Jahrhundert«, J. G. Cotta'sche Buchhandlung, Tübingen 1805.

47 Norman Mailer, »MoonFire. Die legendäre Reise der Apollo 11«, Taschen Verlag, Köln 2016, S. 324.

48 Siehe etwa das von der UNESCO unterstützte Projekt Édouard Glissants, bei dem er als Herausgeber fungierte: »Völker am Wasser«, 3 Bände, Verlag Das Wunderhorn, Heidelberg 2008–2010.

49 Bruno Latour, »Das terrestrische Manifest«, Suhrkamp Verlag, Berlin 2018, S. 21.

50 Vortrag von Max Planck 1937, in: Max Planck, »Vorträge und Erinnerungen«, S. Hirzel Verlag, Stuttgart 1949, S. 332.

51 François Jullien, »Dialog über die Moral. Menzius und die Philosophie der Aufklärung«, Merve Verlag, Berlin 2003, S. 212.

52 Hans-Joachim Höhn, »Systematische Theologie«, Echter Verlag, Würzburg 2020.

Sollte diese Publikation Links auf Webseiten Dritter enthalten,
so übernehmen wir für deren Inhalte keine Haftung,
da wir uns diese nicht zu eigen machen, sondern lediglich
auf deren Stand zum Zeitpunkt der Erstveröffentlichung verweisen.

Penguin Random House Verlagsgruppe FSC® N001967

Cradle to Cradle Certified® ist eine eingetragene Marke
des Cradle to Cradle Products Innovation Institute.

1. Auflage
Copyright © 2022 Penguin Verlag
in der Penguin Random House Verlagsgruppe GmbH,
Neumarkter Str. 28, 81 673 München

Lektorat: Anne Tucholski
Umschlaggestaltung: Büro Jorge Schmidt, München
Umschlagabbildung: © akg-images
Satz: Leingärtner, Nabburg
Druck und Bindung: GGP Media GmbH
Printed in Germany
ISBN 978-3-328-60175-3
www.penguin-verlag.de

Make our planet great again!

Wir Menschen haben einen dramatischen Klima-
wandel in Gang gesetzt. Unser Leben ist bis zum
Zerreißen durchökonomisiert. Das Gemeinwohl und der
Erhalt unserer Lebensgrundlagen stehen zu oft hinter
Kapitalinteressen zurück.
Harald Lesch und Klaus Kamphausen wissen, wir
können auch anders handeln. Zusammen mit weiteren
namhaften Experten wie Ottmar Edenhofer, Karen Pittel
und Ernst Ulrich von Weizsäcker und anderen zeigen sie:
Es geht um Haltung, es gibt Lösungsansätze und neue
Ideen für ein besseres Zusammenleben. Wir alle können
etwas tun!

PENGUIN VERLAG